化工原理实验

卫静莉　主编

国防工业出版社

·北京·

内 容 简 介

本书为化工原理实验教材,内容包括化工实验数据的测量及处理、化工实验常用参数测量技术、化工原理基础实验、演示实验、计算机处理实验数据及实验仿真、化工原理实验常用仪器仪表这六部分。其中,化工原理基础实验包括流体阻力测定实验、流量计标定实验、离心泵性能测定实验、过滤实验、传热实验、精馏实验、气体的吸收与解析实验、干燥实验。演示实验包括伯努利方程实验、雷诺实验、旋风分离器性能演示实验、边界层演示实验和筛板塔流体力学性能演示实验。计算机处理实验数据及实验仿真,包括应用 Excel 进行数据和图表处理、应用 Origin 进行化工实验数据处理,以及易于网络环境下操作的实验仿真操作介绍。

图书在版编目(CIP)数据

化工原理实验 / 卫静莉主编. —北京:国防工业
出版社,2015.12 重印
ISBN 978 - 7 - 118 - 07055 - 2

Ⅰ. ①化…　Ⅱ. ①卫…　Ⅲ. ①化工原理 – 实验
Ⅳ. ①TQ02 – 33

中国版本图书馆 CIP 数据核字(2010)第 178495 号

※

国防工業出版社 出版发行
(北京市海淀区紫竹院南路 23 号　邮政编码 100048)
天利华印刷装订有限公司印刷
新华书店经售

*

开本 787×1092　1/16　印张 9¼　字数 290 千字
2015 年 12 月第 1 版第 3 次印刷　印数 6001—8000 册　定价 28.00 元

(本书如有印装错误,我社负责调换)

国防书店:(010)88540777　　　发行邮购:(010)88540776
发行传真:(010)88540755　　　发行业务:(010)88540717

前　言

本书是在作者 2003 年出版的《化工原理实验》教材基础上，对原教材内容进行了增删，重新组织编写而成。

本书主要介绍化工实验数据的测量及误差分析包含：实验数据的处理与实验设计方法、化工实验常用参数测量技术、化工原理基础实验、演示实验、计算机处理实验数据及实验仿真、化工原理实验常用仪器仪表及附录等七部分。其中，化工原理基础实验包括流体阻力实验、流量计标定实验、离心泵性能测定实验、过滤实验、传热实验、精馏实验、气体的吸收与解析实验、干燥实验。主要变动为：对原教材中的第二章、第三章、第五章及附录进行了增删和重新组织编写；对第一章、第四章进行了修订。

本书特点：结合实验设备特点编写的基础实验部分；结合化工原理实验，应用了 Excel 进行数据和图表处理，同时应用 Origin 处理化工实验数据；对结合本院的化工原理实验装置而开发的实验仿真系统进行了操作介绍，具有占用体积小、简便易懂、易于网络环境下操作的特点。

本书可作为本科生化工原理实验的配套教材，也可作为相关专业专科生的实验教材，同时，还可为相关的实验工作人员和设计人员提供参考。

本书由卫静莉教授主编，各章执笔者：前言、第三章、第四章、第五章卫静莉，第一章熊英莹，第二章陈志敏，附录薛笑莉，全书由薛笑莉校对。本书承蒙赫晓刚教授主审，并提出许多宝贵意见。在编写过程中编者的同事给予了热情的支持和帮助，在此深表谢意。

由于编写时间仓促，再加上作者的学识和经验有限，不妥之处，衷心希望读者批评指正。

编　者
2010 年 7 月

目　　录

绪　　论

一、化工原理实验的特点

化工原理课是化工、环境、生物化工等专业的重要基础技术课,它的历史悠久,已形成了完整的教学内容与教学体系。化工原理属于工程技术学科,可以说,它是建立在实验基础上的学科。所以,化工原理实验在这门课程中占有重要地位。化工原理实验不同于基础课程的实验,后者面对的是基础科学,采用的方法是理论的、严密的,处理的对象通常是简单的、基本的甚至是理想的,而工程实验面对的是复杂的实际问题和工程问题。对象不同,实验研究方法也必然不同。工程实验的困难在于变量多,涉及的物料千变万化,设备大小悬殊,实验工作量之大之难是可想而知的。因此不能把处理一般物理实验的方法简单地套用于化工原理实验。常用于处理化学工程问题的基本实验研究方法有两种:一种是因次论指导下的实验研究方法(经验方法),即应用因次论进行实验规划;另一种是数学模型法(半经验半理论的方法)。例如阻力实验,就是采用第一种方法:首先经过实验、因次分析得出影响摩擦系数 λ 的因素为雷诺准数 Re 和相对粗糙度 ε/d,且

$$\lambda = \Psi(Re、\varepsilon/d)$$

然后再进行实验,用方便的物料(水或空气),改变流速 u、粗糙度 ε,进行有限实验,通过实验数据处理,便可获得 λ 与 Re 及 ε/d 的关系曲线或归纳出具体的函数形式。

这些处理工程问题的研究方法,通过化工原理实验得到初步认识与应用。

二、化工原理实验的教学目的

1. 巩固和深化理论知识

化工原理课程中所讲授的理论、概念和公式,学生对它们的理解往往是肤浅的,对于各种影响因素的认识还不深刻。通过化工原理实验,对于基本原理、公式中各种参数的来源以及使用范围会有更深入的认识,从而理解书本上较难弄懂的概念。

2. 初步掌握化工问题的实验研究方法,熟悉化工数据的基本测试技术

通过实验,掌握化工问题的两种基本实验研究方法——因次分析法和数学模型法。掌握如何规划实验,检验模型的有效性和模型参数的估值;熟悉操作参数(如流量、温度、压力等)、设备特性参数(如阻力系数、传热系数、传质系数等)和特性曲线的测试方法;熟悉并掌握化工中典型设备的操作。

3. 培养学生从事实验研究的能力

理工科院校的毕业生,必须具备一定的实验研究能力,实验能力主要包括:为了完成一定的研究课题,设计实验方案的能力;进行实验,观察和分析实验现象,正确选择和使用测量仪表的能力;利用实验的原始数据进行数据处理以获得实验结果的能力;运用文字表达技术报告的能力。这些能力是进行科学研究的基础,学生只有通过一定数量的基础实验与综合实验练习,经过反复训练才能掌握各种实验能力,通过实验课打下一定的基础,将来参加实际工作才能独立地设计新实验和从事科研与开发。

三、化工原理实验的教学要求

化工原理实验是用工程装置进行实验,对学生来说往往感到陌生而无从下手,同时是几个人一组完成一个实验操作,如果在操作中相互配合不好,将直接影响到实验结果。所以,为了切实收到教学效果,要求每个学生必须做到以下几点:

1. 实验前的预习

学生实验前必须认真地预习实验指导书,清楚地了解实验目的、要求、原理及实验步骤,对于实验所涉及的测量仪表也要预习它们的使用方法,写出预习报告。预习报告的内容应包括:

(1)实验目的;

(2)实验操作要点;

(3)原始数据的记录表格。

2. 实验中的操作训练

实验操作是动手、动脑的重要过程,学生一定要严格按照操作规程进行。要安排好测量点的范围,测点数目,哪些地方测点要取得密一些,等等;调试时要求细心,操作平稳;对于实验过程中的现象、仪表读数的变化要仔细观察;实验数据要记录在预习报告表格内。

读取数据应注意:

(1)凡是影响实验结果的现象或者数据处理过程中所必须用到的数据都一定要记录包括大气条件、设备有关尺寸、物料性质及操作数据和实验现象;

(2)记录数据时,不仅记录数值,还必须注明其单位;

(3)根据测量仪表的精确度,正确地读取有效数字,必须记录直接读取的数据;

(4)操作过程要平稳,在改变操作条件后,一定要等待过程重新稳定,再开始读取数据(应在实验前计划好记录的时刻或位置等)。

学生应在实验操作中注意培养自己严谨的科学作风,养成良好的科学实验习惯。

3. 编写实验报告

实验报告内容可在预习报告的基础上完成,它包括以下内容:

(1)实验目的。

(2)实验原理及实验装置流程。

(3)实验操作主要步骤。

(4)实验原始数据及数据整理:列出原始数据记录表和数据整理表,并写出一组数据的详细计算过程示例。

(5)实验结果及结论:将实验结果用图线或关系式表示出,并得出结论。

(6)讨论:包括对实验结果的估计、误差的分析及问题讨论、实验改进的建议等。

用计算机辅助教学,让学生进行计算机仿真练习。通过计算机熟悉实验的各个操作步骤和注意事项,学生们在预习和仿真练习的基础上写出实验预习报告,进行现场实验装置了解,做到心中有数。

第一章　化工实验数据误差分析及数据处理

1.1　实验数据的误差分析

通过实验测量所得大批数据是实验的主要成果,但在实验中,由于测量仪表、测量方法、周围环境和人的观察等方面的原因,实验数据总存在一些误差,所以在整理这些数据时,首先应对实验数据的可靠性进行客观的评定。

误差分析的目的就是评定实验数据是否存在误差,通过误差分析,可以认清误差的来源及其影响,并设法排除数据中所包含的无效成分,还可进一步改进实验方案。在实验中注意哪些是影响实验精确度的主要方面,这对正确地组织实验、正确评判实验结果和设计方案,从而提高实验的精确度具有重要的指导意义。

1.1.1　测量误差的基本概念

一、实验数据的误差来源及分类

误差是实验测量值(包括间接测量值)与真值(客观存在的准确值)之间的差别,基于下列原因,误差可分为三类:

1. 系统误差

系统误差是由于测量仪器不良,如刻度不准,零点未校准,或测量环境不标准,如温度、压力、风速等偏离校准值,或实验人员的习惯和偏向等因素所引起的系统误差。这类误差在一系列测量中,大小和符号不变或有固定的规律,经过精确的校正可以消除。

2. 随机误差(偶然误差)

随机误差是由一些不易控制的因素所引起的误差,如测量值的波动、实验人员熟练程度、外界条件的变动、肉眼观察欠准确等一系列问题。这类误差在一系列测量中的数值和符号是不确定的,而且是无法消除的,但它服从统计规律,所以,它可以被发现并且予以定量。实验数据的精确度主要取决于这些偶然误差。因此,它具有决定意义。

3. 过失误差

过失误差主要是由实验人员粗心大意,如读数错误、记录错误或操作失误所引起的误差。这类误差往往与正常值相差很大,应在整理数据时加以剔除。

二、实验数据的真值与平均值

真值是待测物理量客观存在的确定值,由于测量时不可避免地存在一定误差,故真值是无法测得的。但是经过细致地消除系统误差,经过无数次测定,根据随机误差中正负误差出现概率相等的规律,测定结果的平均值,称此平均值为最佳值。但是实际上测量次数总是有限的,由此得出的平均值只能近似于真值,称此平均值为最佳值。计算中可将此最佳值当作真值,或用"标准仪表"(即精确度较高的仪表)所测值当作真值。

化工中常用的平均值有以下几种:

1）算术平均值

设 $x_1, x_2, \cdots, x_n$ 为各次测量值，n 为测量次数，则算术平均值为

$$x_m = \frac{x_1 + x_2 + \cdots + x_n}{n} = \frac{1}{n} \sum_{i=1}^{n} x_i \qquad (1-1)$$

算术平均值是最常用的一种平均值，因为测定值的误差分布一般服从正态分布，所以可以证明算术平均值即为一组等精度测量的最佳值或最可信赖值。

2）均方根平均值 x_s

$$x_s = \sqrt{\frac{x_1^2 + x_2^2 + \cdots + x_n^2}{n}} = \sqrt{\frac{\sum_{i=1}^{n} x_i^2}{n}} \qquad (1-2)$$

3）几何平均值 x_c

$$x_c = \sqrt[n]{x_1 x_2 \cdots x_n} \qquad (1-3)$$

4）对数平均值 x_l

$$x_l = \frac{x_1 - x_2}{\ln \dfrac{x_1}{x_2}} \qquad (1-4)$$

对数平均值多用于热量和质量传递中，当 $1 < \dfrac{x_1}{x_2} < 2$ 时，可用算术平均值代替对数平均值，引起的误差不超过 4.4%。

三、实验数据的精确度

精确度与误差的概念是相反的：精确度高，误差就小；误差大，精确度就低。

要区别以下概念：测量中所得到的数据重复性的大小，称精密度，它反应随机误差的大小。以打靶为例，图 1-1(a) 表示弹着点密集而离靶心（真值）甚远，说明精密度高，随机误差小，但系统误差大；图 1-1(b) 表示精密度低而正确度较高，即随机误差大，但系统误差较小；图 1-1(c) 的系统误差与随机误差均小，精确度高。

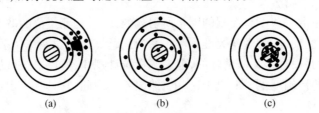

图 1-1　精密度和精确度示意

（a）精度高，系统误差大；（b）精度低，系统误差小；（c）精度高，系统误差小。

四、误差的表示法

1. 绝对误差 d

某物理量在一系列测量中，其测量值与真值之差称绝对误差。实际工作中常以最佳值代替真值，测量值与最佳值之差称残余误差，习惯上也称为绝对误差：

$$d_i = x_i - X \approx x_i - x_m \qquad (1-5)$$

式中　d_i——绝对误差；

　　　x_i——第 i 次测量值；

X——真值;

x_m——平均值。

如在实验中对物理量的测量只进行一次,可根据测量仪器出厂鉴定书注明的误差,或取仪器最小刻度值的一半作为单次测量的误差,例如某压力表注明精(确)度为1.5级,表明该仪表最大误差为相应挡位最大量程的1.5%,若最大量程为0.4MPa,则该压力表最大误差为

$$0.4 \times 1.5\% \text{MPa} = 0.006\text{MPa} = 6 \times 10^3 \text{Pa}$$

又如某天平的感量或名义分度值为0.1mg,表明该天平的最小刻度或有把握正确的最小单位为0.1mg,即最大误差为0.1mg。

化工原理实验中常用的 U 形管压差计、转子流量计、秒表、量筒、电压表等仪表原则上均取其最小刻度值为最大误差,而取其最小刻度值的一半作为绝对误差计算值。

2. 相对误差 e

为了比较不同测量值的精确度,以绝对误差与真值之比作为相对误差:

$$e = \frac{d}{|X|} \approx \frac{d}{x_m} \times 100\% \tag{1-6}$$

在单次测量中

$$e = \frac{d}{x_i} \times 100\%$$

式中　d——绝对误差;

$|X|$——真值的绝对值;

x_m——平均值。

例 1-1　今欲测量大约8kPa(表压)的空气压力,试验仪表用①1.5级,量程0.2MPa的弹簧管式压力表;②标尺分度为1mm的 U 形管水银柱压差计;③标尺分度为1mm的 U 形管水柱压差计。求相对误差:

(1) 压力表

绝对误差为

$$d = 0.2 \times 0.015\text{MPa} = 0.003\text{MPa} = 3\text{KPa}$$

相对误差为

$$e = \frac{3}{8} \times 100\% = 37.5\%$$

(2) 水银压差计

绝对误差为

$$d = 0.5 \times 1 \times 133.3\text{Pa} = 66.65\text{Pa}$$

其中,133.3Pa = 13.6kg/L×9.8m/s²(即水银密度×重力加速度)。

相对误差为

$$e = \frac{66.65 \times 10^{-3}}{8} \times 100\% = 0.83\%$$

(3) 水柱压差计

绝对误差为

$$d = 0.5 \times 1 \times 9.8\text{Pa} = 4.9\text{Pa}$$

其中, $9.8\text{Pa} = 1\text{kg/L} \times 9.8\text{m/s}^2$ (即水的密度×重力加速度)。

相对误差为

$$e = \frac{4.9 \times 10^{-3}}{8} \times 100\% = 0.061\%$$

可见用量程较大的仪表,测量数值较小的物理量时,相对误差较大。

3. 算术平均误差 δ

它是一系列测量值的误差绝对值的算术平均值;是表示一系列测定值误差的较好方法:

$$\delta = \frac{\sum_{i=1}^{n} |x_i - x_m|}{n} = \frac{\sum_{i=1}^{n} |d_i|}{n} \qquad (1-7)$$

式中　x_i——测量值, $i = 1,2,3,\cdots,n$;

　　　x_m——平均值;

　　　d_i——绝对误差。

4. 标准误差(均方误差) σ

在有限次测量中,标准误差可用下式表示:

$$\sigma = \sqrt{\frac{\sum_{i=1}^{n} (x_i - x_m)^2}{n-1}} = \sqrt{\frac{\sum_{i=1}^{n} d_i^2}{n-1}} \qquad (1-8)$$

标准误差是目前最常用的一种表示精确度的方法,它不但与一系列测量值中的每个数据有关,而且对其中较大的误差或较小的误差敏感性很强,能较好地反映实验数据的精确度,实验越精确,其标准误差越小。

1.1.2　间接测量值的误差传递

间接测量值是由几个直接测量值按一定的函数关系计算而得,如雷诺数 $Re = du\rho/\mu$ 就是间接测量值,由于直接测量值有误差,因而使间接测量值也必然有误差。怎样用直接测量值的误差计算间接测量值的误差呢? 这就是误差的传递问题。

一、误差传递的基本方程

设有一间接测量值 y,是直接测量值 $x_1, x_2, x_3, \cdots, x_n$ 的函数:

$$y = f(x_1, x_2, \cdots, x_n) \qquad (1-9)$$

对上式进行全微分,可得

$$\mathrm{d}y = \frac{\partial f}{\partial x_1}\mathrm{d}x_1 + \frac{\partial f}{\partial x_2}\mathrm{d}x_2 + \cdots + \frac{\partial f}{\partial x_n}\mathrm{d}x_n \qquad (1-10)$$

如以 $\Delta y, \Delta x_1, \Delta x_2, \cdots, \Delta x_n$ 分别代替上式中的 $\mathrm{d}y, \mathrm{d}x_1, \mathrm{d}x_2, \cdots, \mathrm{d}x_n$,则得

$$\Delta y = \frac{\partial f}{\partial x_1}\Delta x_1 + \frac{\partial f}{\partial x_2}\Delta x_2 + \cdots + \frac{\partial f}{\partial x_n}\Delta x_n \qquad (1-11\text{a})$$

此即绝对误差的传递公式。它表明间接测量值为各直接测量值的各项分误差之和,而分

误差决定于直接测量误差 Δx_i 和误差传递系数 $\dfrac{\partial f}{\partial x_i}$，即

$$\Delta y = \sum_{i=1}^{n} \left| \frac{\partial f}{\partial x_i} \cdot \Delta x_i \right| \qquad (1-11b)$$

相对误差的计算式：

$$\frac{\Delta y}{y} = \sum_{i=1}^{n} \left| \frac{\partial f}{\partial x_i} \frac{\Delta x_i}{y} \right| \qquad (1-12)$$

上式中各分误差取绝对值，从最保险出发，不考虑误差实际上有抵消的可能，此时相对误差为最大值。

标准误差的计算式：

$$\sigma = \sqrt{ \sum_{i=1}^{n} \left(\frac{\partial f}{\partial x_i} \right)^2 \sigma_i^2 } \qquad (1-13)$$

式中 σ_i——直接测量值的标准误差。

二、常用函数的误差

常用函数的最大绝对误差和相对误差列在表 1-1 中。

表 1-1　常用函数的误差传递公式

函数式	误差传递公式	
	最大绝对误差 Δy	最大相对误差 e_r
$y = x_1 + x_2 + x_3$	$\Delta y = \pm\left(\lvert \Delta x_1 \rvert + \lvert \Delta x_2 \rvert + \lvert \Delta x_3 \rvert \right)$	$e_r = \Delta y / y$
$y = x_1 x_2$	$\Delta y = \pm\left(\lvert x_1 \Delta x_2 \rvert + \lvert x_2 \Delta x_1 \rvert \right)$	$e_r = \pm\left(\left\lvert \dfrac{\Delta x_1}{x_1} \right\rvert + \left\lvert \dfrac{\Delta x_2}{x_2} \right\rvert \right)$
$y = x_1 x_2 x_3$	$\Delta y = \pm\left(\lvert x_1 x_2 \Delta x_3 \rvert + \lvert x_1 x_3 \Delta x_2 \rvert + \lvert x_2 x_3 \Delta x_1 \rvert \right)$	$e_r = \pm\left(\left\lvert \dfrac{\Delta x_1}{x_1} \right\rvert + \left\lvert \dfrac{\Delta x_2}{x_2} \right\rvert + \left\lvert \dfrac{\Delta x_3}{x_3} \right\rvert \right)$
$y = x^n$	$\Delta y = \pm\left(\lvert n x^{n-1} \Delta x \rvert \right)$	$e_r = \pm\left(n \left\lvert \dfrac{\Delta x}{x} \right\rvert \right)$
$y = \sqrt[n]{x}$	$\Delta y = \pm\left(\left\lvert \dfrac{1}{n} x^{\frac{1}{n}-1} \Delta x \right\rvert \right)$	$e_r = \pm\left(\dfrac{1}{n} \left\lvert \dfrac{\Delta x}{x} \right\rvert \right)$
$y = x_1 / x_2$	$\Delta y = \pm\left(\left\lvert \dfrac{x_2 \Delta x_1 + x_1 \Delta x_2}{x_2^2} \right\rvert \right)$	$e_r = \pm\left(\left\lvert \dfrac{\Delta x_1}{x_1} \right\rvert + \left\lvert \dfrac{\Delta x_2}{x_2} \right\rvert \right)$
$y = cx$	$\Delta y = \pm\lvert c \Delta x \rvert$	$e_r = \pm\left\lvert \dfrac{\Delta x}{x} \right\rvert$
$y = \lg x$	$\Delta y = \pm\left\lvert \dfrac{0.4343}{x} \Delta x \right\rvert$	$e_r = \Delta y / y$
$y = \ln x$	$\Delta y = \pm\left\lvert \dfrac{\Delta x}{x} \right\rvert$	$e_r = \Delta y / y$

例 1-2 在流量计标定实验中,孔板流量计的流量系数 C_0 可由下式计算:

$$C_0 = \frac{V_s}{A_0\sqrt{2gR(\rho_0 - \rho)/\rho}} = \frac{ZA}{tA_0\sqrt{2gR(\rho_0 - \rho)/\rho}}$$

式中　$V_s = V/\tau = ZA/t$;

　　　A_0——孔板的锐孔面积(m^2);

　　　R——U 形管压差计读数(m);

　　　ρ——流体密度(kg/m^3);

　　　ρ_0——指示剂密度(kg/m^3);

　　　g——重力加速度($9.81m/s^2$);

　　　V——在时间 t 内所测水的体积(m^3);

　　　A——水箱截面积(m^2);

　　　Z——水位增加的高度(m)。

已知某次测量中

$t = (30.0 \pm 0.05)\,s$　　　　　　　$Z = (0.230 \pm 0.001)\,m$

$A = (0.250 \pm 0.002)\,m^2$　　　　$A_0 = (3.142 \pm 0.016) \times 10^{-4}\,m^2$

$R = (0.4000 \pm 0.001)\,m$　　　　$\rho_0 = (1.36 \pm 0.005) \times 10^{-4}\,kg/m^3$

$\rho = (1.00 \pm 0.005) \times 10^3\,g/m^3$　　$g = 9.81(1 \pm 0.0056)\,m/s^2$

求 C_0 的误差。

解:流量系数 C_0 的计算式中多为乘除,故用相对误差计算比较方便。

各量的相对误差:

$$e_t = \frac{0.05}{30} \times 100\% = 0.17\% \qquad e_Z = \frac{0.001}{0.23} \times 100\% = 0.43\%$$

$$e_A = \frac{0.002}{0.25} \times 100\% = 0.80\% \qquad e_{A_0} = \frac{0.016}{3.142} \times 100\% = 0.51\%$$

$$e_R = \frac{0.001}{0.4} \times 100\% = 0.25\% \qquad e_{\rho_0} = \frac{0.005}{1.36} \times 100\% = 0.37\%$$

$$e_\rho = \frac{0.005}{1} \times 100\% = 0.5\% \qquad e_g = 0.56\%$$

根据误差传递公式

$$e_{C_0} = e_Z + e_A + e_{A_0} + e_t + \frac{1}{2}\left(e_g + e_R + e_\rho + \frac{\Delta\rho_0 + \Delta\rho}{\rho_0 - \rho}\right) =$$

$$0.43 + 0.8 + 0.51 + 0.17 +$$

$$\frac{1}{2}\left[0.56 + 0.25 + 0.5 + \left(\frac{0.005 + 0.05}{13600 - 1000}\right) \times 100\right] = 2.6\%$$

$$C_0 = \frac{0.23 \times 0.25}{30 \times 3.142 \times 10^{-4}\sqrt{2 \times 9.81 \times 0.4\frac{(13600 - 1000)}{1000}}} = 0.613$$

故 $C_0 = 0.613(1 \pm 0.026)$,即 C_0 的真值为 $0.597 \sim 0.629$。

三、小结

误差分析的目的在于计算所测数据(包括直接测量值与间接测量值)的真值或最佳

值范围,并判定其精确度或误差。整理一系列实验数据时,应按以下步骤进行:

(1)求一组测量值的算术平均值 x_m。

根据随机误差符合正态分布的特点,按误差的正态分布曲线,可以得出算术平均值是该组测量值的最佳值(当消除了系统误差并进行无数次测定时该最佳值无限接近真值)。

(2)求出各测定值的绝对误差 d 与标准误差 σ。

(3)确定各测定值的最大可能误差,并验证各测定值的误差不大于最大可能误差。

按照随机误差正态分布曲线可得绝对误差 $(x - x_m)$ 出现在 $\pm 3\sigma$ 范围内的概率为 99.7%,也就是说 $(x - x_m) > \pm 3\sigma$ 的概率是极小的(0.3%),故以大于 $\pm 3\sigma$ 为最大可能误差,超出 $\pm 3\sigma$ 的误差已不大于随机误差,而是过失误差,因此该数据应剔除。

(4)在满足(3)后,再确定其算术平均值的标准差。

根据误差传递方程算术平均值的标准差为

$$\sigma_m = \frac{\sigma}{\sqrt{n}} \qquad\qquad (1-14)$$

例 1-3 某参数共测定了 16 次,结果如下:

$$x_i = 102,98,99,100,97,140,95,100,98,96,102,101,102,99,102$$

求其最佳值及误差。

解:列表计算其平均值及误差如表 1-2 所示。

表 1-2 平均值 R 误差

序号	原始数据 x_i	第一次整理		第二次整理		
		$x_m - x_i$	$(x_m - x_i)^2$	x_i	$x_m - x_i$	$(x_m - x_i)^2$
1	102	0	0	102	-2.53	6.4
2	98	4	16	98	1.47	2.2
3	99	3	9	99	0.47	0.2
4	100	2	4	100	-0.53	0.3
5	97	5	25	97	2.47	6.1
6	140	-38	1444	/	/	/
7	95	7	49	95	4.47	20.0
8	100	2	4	100	-0.53	0.3
9	98	4	16	98	1.47	2.2
10	96	6	36	96	3.47	12.0
11	102	0	0	102	-2.53	6.4
12	101	1	1	101	-1.53	2.3
13	101	1	1	101	-1.53	2.3
14	102	0	0	102	-2.53	6.4
15	99	3	9	99	0.47	0.2
16	102	0	0	102	-2.53	6.4
Σ	1632	0	1614	1492	0.15	73.7

9

算术平均值为

$$x_m = \frac{1632}{16} = 102$$

个别测量值的最大可能误差为

$$3\sigma = 3\sqrt{\frac{\sum_{i=1}^{n}(x_m - x_i)^2}{n-1}} = 3\sqrt{\frac{1614}{16-1}} = 31$$

检查各 $(x_m - x_i)$ 中,第六个数据的 $|x_m - x_i| = 38 > 31$,故此数据是不可靠的,舍弃此数据后进行第二次整理。

$$x_m = \frac{1492}{15} = 99.47$$

$$\sigma = \sqrt{\frac{73.7}{14}} = 2.29$$

$$3\sigma = 6.87$$

第二次整理中所有 $|x_m - x_i| < 6.87$,所以认为这些数据是可取的,由此可得算术平均值的标准误差为

$$\sigma_m = \frac{\sigma}{\sqrt{n}} = \frac{2.29}{\sqrt{15}} = 0.59$$

故其最佳值及误差可表示为

$$x_m = 99.5 \pm 0.59$$

或

$$x_m = 99.5(1 \pm 0.0059)$$

1.1.3　实验数据的有效数字与记数法

一、有效数字

实验数据或根据直接测量值的计算结果,总是以一定位数的数字来表示。究竟取几位数才是有效的呢?是不是小数点后面的数字越多就越正确?或者运算结果保留位数越多就越准确?其实这是错误的想法。第一,数据中小数点的位置不决定准确度,而与所用单位大小有关。第二,与测量仪表的精度有关,一般应记录到仪表最小刻度的十分之一位。例如,某液面计标尺的最小分度为 1mm,则读数可以到 0.1mm。如在测定时液位高在刻度 524mm 与 525mm 的中间,则应记液面高为 524.5mm,其中前三位是直接读出的,是准确的,最后一位是估计的,是欠准的或可疑的,称该数据为 4 位有效数。如液位恰在 524mm 刻度上,则数据应记作 524.0mm,若记为 524mm,则失去了一位有效数字。

总之,有效数中应有而且只能有一位(末位)欠准数字。

有效数与误差的关系:由上可见,液位高度 524.5mm 中,最大误差为 ±0.5mm,也就是说误差为末位的一半。

二、科学计数法

在科学与工程中,为了清楚地表达有效数或数据的精度,通常将有效数写出并在第 1 位数后加小数点,而数值的数量级由 10 的整数幂来确定,这种以 10 的整数幂来记数的方

法称为科学记数法。例如:0.0088 记为 8.8×10^{-3},88000(有效数 3 位)记为 8.80×10^4。应注意,科学记数法中,在 10 的整数幂之前的数字应全部为有效数。

三、有效数的运算

(1)加减法运算。各不同位数有效数相加减,其和或差的有效数等于其中位数最少的一个。例如测得设备进出口的温度分别为 65.58℃ 与 30.4℃,则

温度和为

$$65.58℃ + 30.4℃ = 95.98℃$$

温度差为

$$65.58℃ - 30.4℃ = 35.18℃$$

结果中有两位欠准值,这与有效值规则不符,故第二位欠准数应舍去,按四舍五入法,其结果应为 96.0℃ 与 35.2℃。

(2)乘除法计算。乘积或商的有效数,其位数与各乘、除数中有效数位数最少的相同。如测得管径 $D = 50.8mm$,其面积 A 为

$$A = \frac{\pi}{4}D^2 = \frac{3.14}{4} \times 50.8^2 mm^2 = 2.03 \times 10^3 mm^2$$

注意,π,e,g 等常数有效位数可多可少,根据需要选取。

(3)乘方与开方运算。乘方、开方后的有效数与其底数相同。

(4)对数运算。对数的有效数位数与其真数相同。例如

$$lg2.35 = 3.712 \times 10^{-1} \qquad lg4.0 = 6.0 \times 10^{-1}$$

(5)在四个数以上的平均值计算中,平均值的有效数字可较各数据中最小有效位数多一位。

(6)所有取自手册上的数据,其有效数按计算需要选取,若原始数据有限制,则服从原始数据。

(7)一般在工程计算中,取三位有效数已足够精确。在科学研究中根据需要和仪器的最小刻度,可以取到四位有效数字。

从有效数的运算规则可以看到,实验结果的精确度同时受几个仪表的影响时,测试中要使几个仪表的精确度一致,采用一两个精度特别高的仪表无助于整个实验结果精度的提高,如过滤实验中,计量滤液体积的量具分度为 0.1L,而用分度为千分之一秒的电子秒表计时,测得 27.5635s 流过滤液 1.35L,计算每升滤液通过所需的时间为

$$t = 27.5635s/1.35L = 27.6s/1.35L = 20.4s/L$$

1.2 实验数据处理

由实验测得的大量数据,必须进行进一步的处理,使人们清楚地观察到各变量之间的定量关系,以便进一步分析实验现象,得出规律,指导生产与设计。

数据处理方法有三种:

1. 列表法

将实验数据列成表格以表示各变量间的关系。通常这是整理数据的第一步。为标绘

曲线或整理成为方程式打下基础。

2. 图示法

将实验数据在坐标纸上绘成曲线,直观而清晰地表达出各变量之间相互关系,分析极值点、转折点、变化率及其他特性,便于比较,还可以根据曲线得出相应的方程式。某些精确的图形还可在不知数学表达式的情况下进行图表积分和微分。

3. 数学模型法

利用最小二乘法对实验数据进行统计处理得出最大限度符合实验数据的拟和方程式,并判定拟和方程式的有效性,这种拟和方程式有利于用电子计算机进行计算。

1.2.1 列表法

实验数据表可分为原始记录表、中间运算表和最终结果表三种。

原始记录表必须在实验前设计好,可以清楚地记录所有待测数据,如流体阻力实验原始记录表格如表1-3所列。

表1-3 流体阻力实验原始记录表

序号	流量计读数/mm		流量/(m³/s)	光滑管阻力/mm		粗糙管阻力/mm		局部阻力/mm	
	左	右		左	右	左	右	左	右
1									
2									
⋮									

光滑管管径: mm 粗糙管管径: mm 长度: m 水温: ℃
其他固定参数:……

中间运算表格有助于进行运算,不易混淆,如流体流动阻力的运算表如表1-4所列。

表1-4 流体流动阻力中间运算表

序号	流量/(m³/s)	流速/(m/s)	$Re \times 10^4$	直管阻力/m	摩擦系数 $\lambda \times 10^2$	局部阻力/m	阻力系数 ξ
1							
2							
⋮							

实验最终结果表只表达主要变量之间关系和实验的结论,如表1-5所列。

表1-5 流体流动阻力最终结果表

流体流动阻力实验结果表					
序号	粗糙管		光滑管		局部阻力	
	$Re \times 10^4$	$\lambda \times 10^2$	$Re \times 10^4$	$\lambda \times 10^2$	$Re \times 10^4$	ξ
1						
2						
⋮						

列表注意事项:

(1)表头要列出变量名称、单位。

(2)数字要注意有效位,要与测量仪表的精确度相适应。

（3）数字较大或较小时要用科学计数法表示，将$10^{\pm n}$记入表头。注意：参数$\times 10^{\pm n} =$表中数字。

（4）记录表格要正规，原始数据要书写清楚整齐，不得潦草，要记录各种实验条件，不可随意用纸张记录，要记在实验记录本上，以便保管。

1.2.2 图示(解)法

表示实验中各变量关系最通常的办法是将离散的实验数据标于坐标纸上，然后连成光滑曲线或直线。当只有两个变量x,y时，通常将自变量x标于坐标纸的横轴，因变量y标在纵轴，得到一根曲线；如有三个变量x,y,z，通常在某一z下标出一根$y-x$曲线，改变z得到一组不同z的$y-x$曲线。四个以上变量的关系难以用图形表示。

作图时注意：选择合适的坐标，使图形直线化，以便求得经验方程式；坐标分度要适当，使变量的函数关系表现清楚。

1. 坐标纸的选择

化工中常用有直角坐标，双对数坐标和半对数坐标，市场上有相应的坐标纸出售。

化工实验中常遇到的函数关系有：

（1）形如直线关系：$y = a + bx$，选用普通坐标纸。

（2）形如幂函数关系：$y = ax^b$，选用对数坐标纸，因$\lg y = \lg a + \lg x$，所以在对数坐标纸上为一直线。

（3）形如指数函数关系：$y = a^{bx}$，选用半对数坐标纸，因$\lg y$与x呈直线关系。

此外，实验数据的两个量，如果数量变化都很大，一般选用双对数坐标纸来表示；如果实验数据的两个量，其中一个量的数量级变化很大，而另一个量变化不大，一般选用单对数坐标纸来表示。如流量计校核实验中，测得孔流系数C_0和Re的一组数据如表1-6所列。

表 1-6 C_0 和 Re

C_0	0.983	0.842	0.654	0.643	0.641	0.641
Re	7.0×10^3	1.0×10^4	2.0×10^4	3.0×10^4	5.0×10^4	1.0×10^5

由此可见，C_0变化不大，Re数变化较大，所以选用单对数坐标纸表示比较合适。

2. 坐标的分度

坐标分度指每条坐标轴所代表的物理量大小，即选择适当的坐标比例尺。

为了得到良好的图形，在量x和y的误差$\Delta x,\Delta y$已知的情况下，比例尺的取法应使实验"点"的边长为$2\Delta x,2\Delta y$，而且使$2\Delta x = 2\Delta y = 1\text{mm} \sim 2\text{mm}$，若$2\Delta y = 2\text{mm}$，则$y$轴的比例尺应为

$$M_y = \frac{2\text{mm}}{2\Delta y} = \frac{1}{\Delta y}\text{mm}/y$$

如已知温度误差$\Delta T = 0.05℃$，则

$$M_T = \frac{1\text{mm}}{0.05℃} = 20\text{mm}/℃$$

则1℃的坐标为20mm长，若认为太大，可取$2\Delta x = 2\Delta y = 1\text{mm}$，则此时的1℃坐标为10mm长。

3. 对数坐标的特点

对数坐标的特点是:某点与原点的距离为该点表示量的对数值,但是该点标出的量是其本身的数值,例如对数坐标上标着5的一点至原点的距离是 $\lg 5 = 0.7$,见图 1 - 2。

图 1 - 2 中上面一条线为 x 的对数刻度,而下一条线为 $\lg x$ 的线性(均匀)刻度。

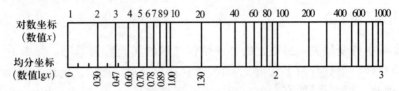

图 1 - 2   对数坐标的标度法

对数坐标上,1,10,100,1000 之间的实际距离是相同的,因为上述各数相应的对数值为 0,1,2,3,这在线性(均匀)坐标上的距离相同。

在对数坐标上的距离(用均匀刻度尺来量)表示数值之对数差,即 $\lg x_1 - \lg x_2$:

$$\lg x_1 - \lg x_2 = \lg \frac{x_1}{x_2} = \lg \left(1 + \frac{x_1 - x_2}{x_2}\right)$$

因此,在对数坐标纸上,任何实验点与图线的直线距离(指均匀分度尺)相同,则各点与图线的相对误差相同。

在对数坐标纸上,直线的斜率应为

$$\tan a = \frac{\lg y_2 - \lg y_1}{\lg x_2 - \lg x_1}$$

由于 $\Delta \lg y$ 与 $\Delta \lg x$ 分别为纵坐标与横坐标上的距离 Δh 与 Δl,所以也可以直接用一点 A 与直线的垂直距离 Δh 与水平距离 Δl(用均匀刻度尺度量)之比来计算该直线之斜率(如图 1 - 3 所示):

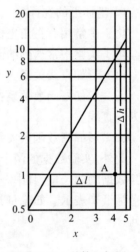

图 1 - 3   对数坐标图

$$\tan a = \frac{\Delta h}{\Delta l}$$

例 1 - 4   已知 y, x 数据如表 1 - 7 所列,试求函数关系。

表 1 - 7 x 和 y 数据

x	1	2	3	4	5
y	0.5	2	4.5	8	12.5

解:将 x, y 值标于对数坐标纸上得到一直线,可得

$$\lg y = \lg a + n \lg x$$

或

$$y = a x^n$$

在直线上任取二点(5,12.5;1,0.5)

$$n = \frac{\lg 12.5 - \lg 0.5}{\lg 5 - \lg 1} = 2$$

应当特别注意,对数坐标纸上的示值,是 y, x 而不是 $\lg x, \lg y$,故不可用示值按 $n =$

$(y_2 - y_1)/(x_2 - x_1)$ 计算。

也可以在线外任取一点 A(见图 1 – 3),量 A 点至直线的垂直距离 $\Delta h = 56\text{mm}$,水平距离 $\Delta l = 28\text{mm}$,得

$$n = \frac{\Delta h}{\Delta l} = \frac{56}{28} = 2$$

且 $x = 1$ 时,$y = 0.5 = a$。故该函数关系为 $y = 0.5x^2$。

4. 坐标纸的使用

坐标纸的使用应注意以下几点:

(1)标绘实验数据,应选用适当大小的坐标纸,使其能充分表示实验数据大小和范围。

(2)依使用的习惯,自变量取横轴,因变量取纵轴,按使用要求注明变量名称、符号和单位。

(3)根据标绘数据的大小,对坐标轴进行分度,所谓坐标轴分度就是选择坐标每个刻度代表的数值大小。一般分度原则是:坐标轴的最小刻度能表示出实验数据的有效数字。分度以后,在主要刻度线上应标出便于阅读的数字。

(4)坐标原点:对普通直角坐标,坐标原点不一定从零开始,可以从欲表示的数据中,选取最小数据将原点移到附近适当的位置。而对数坐标,其分度要遵循对数坐标规律,不能随意划分。因此,坐标轴的原点,只能取对数坐标轴上的值作原点,而不能随意确定。

(5)标绘数据和曲线:将实验结果依自变量和因变量关系,逐点标绘在坐标纸上。若在同一张坐标上,同时标绘几组测量值,则各点要用不同符号(如·,×,○等),以示区别,根据找出点的分布做出一条平滑的直线或曲线,该曲线应通过或接近多数实验点,个别离图线太远的点应剔除。

1.2.3 数学模型法

在化工实验研究中,除了用表格和图形描述变量的关系外,还常常把实验数据整理成方程式,以描述自变量和因变量之间的关系,即建立过程的数学模型,对于广泛应用计算机的时代,这是十分必要的。

一、函数形式的确定

对于任何过程可表示为

$$y = f(x_1, x_2, \cdots)$$

在进行实验数据处理之前,首先要确定函数的具体形式。化工中常用的函数形式有多项式、幂函数和指数函数。

1. 多项式

多项式描述的函数关系,一般是经验方程,它仅反映了各变量之间的数量关系,并不具有物理意义。如比热容 c_p 和温度关系通常表示为

$$c_p = a_0 + a_1 t + a_2 t^2 + \cdots$$

多项式的通式为

$$y = a_0 + a_1 x + a_2 x^2 + \cdots + a_m x^m = \sum_{k=0}^{m} a_k x^k$$

其中，a_k 为待定参数。

2. 幂函数

由因次分析法导出的无因次准数式,它是一个幂函数。如在传热过程中经分解处理所获得的流体在对流传热过程中的无因次方程为

$$Nu = A \, Re^m \, Pr^n$$

幂函数的一般形式为

$$y = A_0 x_1^{A_1} x_2^{A_2} \cdots x_m^{A_m}$$

其中,A_j 为待定参数。

3. 指数函数

在反应工程中常以指数函数描述反应过程。其形式为

$$y = A_0 e^{A_1 x}$$

除了以上三种形式外,对于某些具体过程作深入的理解和合理的简化以后,由过程的数学描述,可获得相应的函数形式,如摩擦系数的关系式为

$$\frac{1}{\sqrt{\lambda}} = A_0 - 2\log\left(\frac{\varepsilon}{R} + \frac{A_1}{Re\sqrt{\lambda}}\right)$$

当所研究的对象的规律尚不清楚时,可借助于实验数据,先在直角坐标纸上标绘曲线,然后参考典型函数图形选择适当的函数形式。

二、图解法确定数学模型

把实验数据归纳为经验公式,即一定的函数关系式,可以清楚地表示变量之间的关系,而且便于用计算机处理。

1. 直线化方法

如何由实验数据 $(y_i, x_i, i=1, \cdots, n)$ 得出一定的经验方程式? 通常将实验数据标绘在普通坐标纸上,得到一条曲线或直线,如果是一条直线,则根据初等数学,可知 $y = a + bx$。其系数由直线的截距作斜率求定。

如果不是直线,也就是说,y 与 x 不是线性关系,则可将实验曲线和典型的函数曲线(以下介绍)相对照,选择与实验曲线相似的典型曲线函数形式,然后用线性化方法,对所选函数与实验数据的符合程度加以检验。

直线化方法就是将函数 $y = f(x)$ 转化成线性函数 $Y = A + BX$,其中 $X = \phi(x,y)$,$Y = \psi(x,y)$(ϕ,ψ 为已知函数)。由已知的 x_i 和 y_i,按 $Y_i = \psi(x_i, y_i)$,$X_i = \phi(x_i, y_i)$ 求得 Y_i 和 X_i,然后将 Y_i 和 X_i 在普通直角坐标上标绘,如得到一条直线,即可定系数 A 和 B,并求出 $y = f(x)$。

如 $Y_i = f'(X_i)$ 偏离直线,则应重新选定 $Y = \psi'(x,y)$,$X = \phi'(x,y)$,直至 $Y - X$ 为直线关系为止。

例 1-5 实验数据 y_i,x_i 如表 1-8 所列。求经验式 $y = f(x)$。

解:将 y_i,x_i 标绘在直角坐标纸上得图 1-4(a)。

由 $y - x$ 曲线可见形如幂函数曲线,令 $Y_i = \lg y_i$,$X_i = \lg x_i$,计算得到表 1-9。

16

表 1−8 x_i和 y_i				
x_i	1	2	3	4	5
y_i	0.5	2	4.5	8	12.5

表 1−9 X_i和 Y_i				
X_i	0.000	0.301	0.477	0.602	0.699
Y_i	−0.301	0.301	0.653	0.903	1.097

将 Y_i, X_i标绘于图 1−4(b), 得到一条直线:

截距为

$$A = -0.301$$

斜率

$$B = \frac{1.097 - (-0.301)}{0.699 - 0} = 2$$

可得

$$\lg y = -0.301 + 2\lg x$$

即

$$y = 10^{-0.301} \times x^2 = 0.5x^2$$

可见此法同例 1−4 相同, 幂函数在对数坐标纸上为一直线。

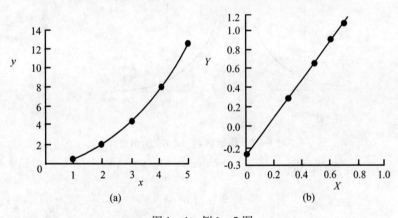

图 1−4　例 1−5 图

（a）x_i, y_i 关系曲线；（b）X_i, Y_i 关系曲线。

2. 常见函数的典型图形与直线化方法

1）幂函数 $y = ax^b$

令 $X = \lg x$, $Y = \lg y$, 则得直线化方程

$$Y = \lg a + bX$$

图 1−5 表示幂函数 $y = ax^b$ 的图形以及式中 b 改变时所得各种类型的曲线。

2）幂函数 $y = ax^b + c$

幂函数图形见图 1−6。

这类曲线在对数坐标纸上仍有少许弯曲。

令 $X = \lg x$, $Y = \lg(y - c)$, 则

$$Y = \lg a + bX$$

17

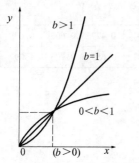 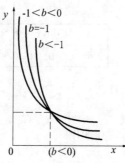 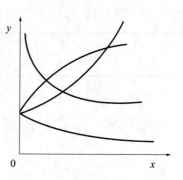

图 1-5 幂函数 $y=ax^b$ 曲线   图 1-6 幂函数 $y=ae^{bx}+c$ 的图形

c 的求法:在 $y-x$ 线上任取两点 (x_1,y_1) 与 (x_2,y_2),然后求出第三点 $(x_3=\sqrt{x_1x_2}$, $y_3)$,则

$$c = \frac{y_1y_2 - y_3^2}{y_1 + y_2 - 2y_3}$$

3) 指数函数 $y=ae^{bx}$

指数函数 $y=ae^{bx}$ 图形见图 1-7。

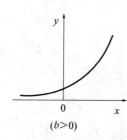 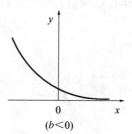

图 1-7 指数函数 $y=ae^{bx}$ 的图形

令 $X=x, Y=\ln y$,则得直线化方程

$$Y = \ln a + bX$$

4) 指数函数 $y=ae^{bx}+c$

处理方法同幂函数 $y=ax^b+c$ 类似。

令 $X=x, Y=\ln(y-c)$,则得直线化方程

$$Y = \ln a + bX$$

在 $y-x$ 线上定三点:

$(x_1,y_1),(x_2,y_2),(x_3=\sqrt{x_1x_2},y_3)$,则

$$c = \frac{y_1y_2 - y_3^2}{y_1 + y_2 - 2y_3}$$

5) 指数函数 $y=ae^{\frac{b}{x}}$

指数函数 $y=ae^{\frac{b}{x}}$ 图形见图 1-8。

18

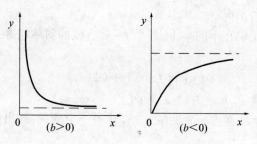

图 1－8　指数函数 $y = ae^{\frac{b}{x}}$ 的图形

令 $X = \dfrac{1}{x}, Y = \ln y$，得直线化方程

$$Y = \ln a + bX$$

6）对数函数 $y = a + b\lg x$

对数函数 $y = a + b\lg x$ 图形见图 1－9。

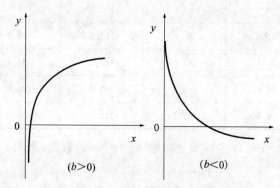

图 1－9　对数函数 $y = a + b\lg x$ 的图形

令 $X = \lg x, Y = y$，则

$$Y = a + bX$$

总之，指数函数与对数函数，都可以在半对数坐标纸上标绘得到一条直线。

3．三元函数图解

化工中常见的准数方程式如

$$Nu = aRe^b Pr^c$$

就是一个三元函数方程式，一般有

$$y = f(x_1, x_2)$$

在这种情况下，可先令其中一个变量（如 x_2）为常数，然后根据处理双变量函数的方法，在每一个 x_2 值下以 $\phi(x_1)$ 对 $\psi(y)$ 作图，便得到一组直线，即对不同 x_2 的适用关系式：

$$\psi(y) = a + b\phi(x_1)$$

然后将其中系数 a, b 表示为 x_2 的函数，即

$$a = f_1(x_2), b = f_2(x_2)$$

最后得出

$$\psi(y) = f_1(x_2) + f_2(x_2)\phi(x_1)$$

如果 y 和 x_1 的直线关系较难找出，也可令 x_1 为常数，求出 y 和 x_2 的关系式，实际处理

数据时可能发生下述两种情况：

（1）b＝常数，也就是说在不同x_2下，各个$y-x_1$直线的斜率相等，此时问题得以简化，即

$$\psi(y) = f_1(x_2) + b\phi(x_1)$$
$$a = f_1(x_2) = \psi(y) - b\phi(x_1)$$

只要把$\psi(y)-b\phi(x_1)$作为一个变量，以x_2作另一个变量，找出此二变量的直线关系式：

$$F[\psi(y) - b\phi(x_1)] = a' + cf_2(x_2)$$

例 1-6 传热实验中测得 Nu，Re，Pr 三准数的数据如表 1-10 所列，求 $Nu = f(Re,Pr)$ 关系式。

表 1-10 Nu、Re 和 Pr

Pr \ $Re \times 10^{-4}$	Nu				
	1	3	5	8	10
0.7	31.6	76.1	114.5	166.8	199.4
1.8	46.1	111.0	167.1	234.4	291.0
3.0	56.6	136.2	205.0	298.6	356.9
5.0	69.4	167.1	251.5	366.3	437.8

解： 在一定 Pr 下，在对数坐标纸上标绘 Re 与 Nu 的数据，见图 1-10。由图可见，一

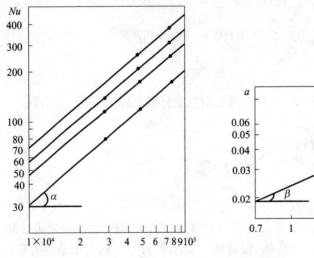
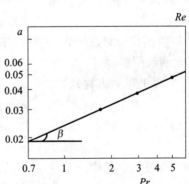

图 1-10 例题 1-6 附图

定 Pr 下，$Nu-Re$ 为一组直线，且相互平行，测出

$$b = \tan\alpha = \frac{\lg 199.4 - \lg 31.6}{\lg 10 \times 10^4 - \lg 1 \times 10^4} = \frac{\lg 437.8 - \lg 69.4}{\lg 10 \times 10^4 - \lg 10^4} = 0.8$$

即

$$\lg Nu = a + b\lg Re$$

20

$$b = 0.8 = 常数$$

或

$$\begin{cases} \lg Nu - \lg Re^{0.8} = a \\ \lg \dfrac{Nu}{Re^b} = a = f(Pr) \end{cases}$$

以 $a = \dfrac{Nu}{Re^b}$ 与 Pr 在对数坐标纸上作图,得到一条直线。直线上几点的取值如表 1-11 所列。

表 1-11 Pr 和 a 值

Pr	$a = \dfrac{Nu}{Re^{0.8}}$	Pr	$a = \dfrac{Nu}{Re^{0.8}}$
0.7	0.01994	3.0	0.03569
1.8	0.02910	5.0	0.04378

$$c = \tan\beta = \frac{\lg 0.04378 - \lg 0.01994}{\lg 5 - \lg 0.7} = 0.4$$

$$\lg \frac{Nu}{Re^{0.8}} = \lg a = \lg A + 0.4\lg Pr$$

$$\lg A = \lg \frac{Nu}{Re^{0.8}} - \lg Pr^{0.4}$$

$$A = \frac{Nu}{Re^{0.8}Pr^{0.4}} = \frac{0.04378}{5^{0.4}} = \frac{0.01994}{0.7^{0.4}} = 0.023$$

可得

$$Nu = 0.023\, Re^{0.8}\, Pr^{0.4}$$

(2) $b \neq$ 常数,即 $Y - X$ 直线互不平行:

$$\begin{cases} Y = a_1 + b_1 X \\ Y = a_2 + b_2 X \\ \vdots \\ Y = a_n + b_n X \end{cases}$$

需要求出

$$\begin{cases} a = f_1(x_2) \\ b = f_2(x_2) \end{cases}$$

进行整理得出 $Nu = f(Re, Pr)$ 关系式。

三、回归分析法确定数学模型

化工实验中,由于存在实验误差与种种不确定因素的干扰,所得数据往往不能用一根光滑曲线或直线来表达,即实验点随机地分布在一条直线或曲线附近(如图 1-11 所示)。要找出这些实验数据所包含的规律性即变量之间的定量关系式,而使之尽可能符合实验数据,可用回归分析这一数理统计的方法。回归分析的数学方法是最小二乘法。

1. 一元线性回归

下面介绍常用的一元线性回归(直线拟合)。

一元指只有一个自变量,线性指因变量是自变量的一次函数,一元线性回归在 y,x 坐标图上就是用一根直线来拟合实验数据,并用数学模型 $\hat{y} = a + bx$ 来代表实验数据的规律性,该式称一元线性回归方程,a,b 称回归系数,$\hat{y}$ 为对应于自变量 x 的 y 回归值。

例 1 – 7 实验测得 x_i 与 y_i 的关系如表 1 – 12 所列。

表 1 – 12 实验测得的 x_i 与 y_i 值

序号	1	2	3	4	5	6	7	8	9	10
x_i	22	34	39	43	46	54	58	64	67	72
y_i	11	13	16	16	17	15	20	19	24	23

将其标绘于坐标纸上,见图 1 – 11。求其回归方程。

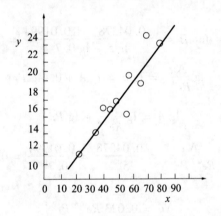

图 1 – 11 $y - x$ 的相关关系

解:由图 1 – 11 可知,实验点均在一直线附近,故以回归方程 $\hat{y} = a + bx$ 来拟合。

该式任一 x_i 值都有 $\hat{y}_i = a + bx_i$ 与之对应 $(i = 1,2,\cdots,n)$,回归值 $\hat{y}_i$ 与实测值 y_i 的偏差 $d_i = y_i - \hat{y}_i = y_i - (a + bx_i)$ 表明了回归直线与实验值的符合程度。显然,只有各偏差平方值(考虑到偏差有正有负)之和最小时,回归直线与实验值的拟合程度最好。令

$$Q = \sum_{i=1}^{n} d_i^2 = \sum_{i=1}^{n} \left[y_i - (a + bx_i) \right]^2$$

其中,y_i,x_i 是已知值,故 Q 为 a 和 b 的函数,为使 Q 值达极小,根据极值原理,只要将上式分别对 a,b 求偏导数 $\dfrac{\partial Q}{\partial a},\dfrac{\partial Q}{\partial b}$,并令其等于零即可求 a,b 的值,这就是最小二乘法原理。

$$\begin{cases} \dfrac{\partial Q}{\partial a} = -2 \sum_{i=i}^{n} (y_i - a - bx_i) = 0 \\[2mm] \dfrac{\partial Q}{\partial b} = -2 \sum_{i=1}^{n} (y_i - a - bx_i)x_i = 0 \end{cases}$$

由上式可得正规方程

$$\begin{cases} a + \bar{x} \cdot b = \bar{y} \\ n\bar{x}a + \sum_{i=1}^{n} x_i^2 \cdot b = \sum_{i=1}^{n} x_i y_i \end{cases}$$

式中 $\bar{x}$——x_i 的算术平均值，$\bar{x} = \dfrac{\sum\limits_{i=1}^{n} x_i}{n}$；

$\bar{y}$——y_i 的算术平均值，$\bar{y} = \dfrac{\sum\limits_{i=1}^{n} y_i}{n}$。

由正规方程可得

$$\begin{cases} b = \dfrac{\sum x_i y_i - n\,\overline{xy}}{\sum x_i^2 - n\,(\bar{x})^2} = \dfrac{\sum x_i y_i - \sum x_i \sum y_i / n}{\sum x_i^2 - (\sum x_i)^2 / n} \\ a = \bar{y} - b\bar{x} \end{cases}$$

式中 $\sum\limits_{i=1}^{n}$ 简写为 $\sum$。可见回归直线通过 $\bar{y}$、$\bar{x}$ 点，为计算方便，令

$$l_{xx} = \sum (x_i - \bar{x})^2 = \sum x_i^2 - n\bar{x}^2$$

$$l_{xy} = \sum (x_i - \bar{x})(y_i - \bar{y}) = \sum x_i y_i - n\,\overline{xy}$$

$$l_{yy} = \sum (y_i - \bar{y})^2 = \sum y_i^2 - n\bar{y}^2$$

其中，$(x_i - \bar{x})$、$(y_i - \bar{y})$ 分别称为 x、y 的"离差"。由此可得

$$b = \frac{l_{xy}}{l_{xx}} = \frac{x, y \text{ 离差积之和}}{x \text{ 离差平方之和}}$$

根据最小二乘法原理，一元线性回归可用手工计算及计算机计算。手工计算一般用列表计算，如例 1－7 的数据可列表 1－13 计算如下：

表 1－13　列表计算

序号	x_i	y_i	x_i^2	$x_i y_i$	y_i^2
1	22	11	484	242	121
2	34	13	1156	442	169
3	39	16	1521	624	256
4	43	16	1849	688	256
5	46	17	2116	782	289
6	54	15	2916	810	225
7	58	20	3364	1160	400
8	64	19	4096	1216	361
9	67	24	4489	1608	576
10	72	23	5184	1656	529
$\sum$	499	174	27176	9228	3182

$$\bar{x} = \sum x_i / 10 = 499/10 = 49.9$$

$$\bar{y} = \sum y_i / 10 = 174/10 = 17.4$$

$$b = \frac{l_{xy}}{l_{xx}} = \frac{\sum x_i y_i - n\,\overline{xy}}{\sum x_i^2 - n\bar{x}^2} = \frac{9228 - 10 \times 49.9 \times 17.4}{27176 - 10 \times 49.9^2} = 0.24$$

$$a = \bar{y} - b\bar{x} = 17.4 - 0.24 \times 49.9 = 5.424$$

故回归方程为

$$\hat{y} = 5.424 + 0.24x$$

2. 相关系数及回归显著性检验

为了检验回归直线与离散的实验数据点之间的符合程度,或这些实验点靠近顺归直线的紧密程度,需要有一个数量指标来衡量,这个指标称为相关系数 r:

$$r = \sqrt{\frac{\sum (\hat{y} - \bar{y})^2}{\sum (y_i - \bar{y})^2}} = \sqrt{\frac{\text{回归数据} \hat{y} \text{的离差平方和(回归平方和)}}{\text{实验数据} y_i \text{的离差平方和(离差平方和)}}}$$

可以证明

$$r = \frac{l_{xy}}{\sqrt{l_{xx}l_{yy}}} = \frac{\sum (x_i - \bar{x})(y_i - \bar{y})}{\sqrt{\sum (x_i - \bar{x})^2 \sum (y_i - \bar{y})^2}} = \frac{\sum x_i y_i - n\,\overline{xy}}{\sqrt{\left(\sum x_i^2 - n\bar{x}^2\right)\left(\sum y_i^2 - n\bar{y}^2\right)}}$$

由 $(y_i - \bar{y})$ 与 $(\hat{y} - \bar{y})$ 的关系(图 1-12)可知

$$y_i - \bar{y} = (\hat{y} - \bar{y}) + (y_i - \hat{y})$$

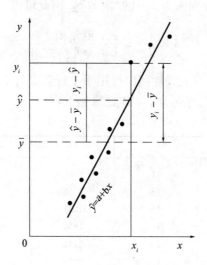

图 1-12 $(y_i - \bar{y})$ 与 $(\hat{y} - \bar{y})$ 的关系

如果实验点 (y_i, x_i) 离回归线愈近,则 $(y_i - \hat{y})$ 愈小,$(\hat{y} - \bar{y})$ 愈接近 $(y_i - \bar{y})$。

当所有点都落在回归直线上,则 $r = \pm 1$,称 x 与 y 完全线性相关。

若 $r = 0$,则说明实验点与回归直线完全不符合,称 x 与 y 完全非线性相关。这时可能有两种情况,或是实验数据完全没有规律,或是 x 与 y 之间有某种特殊的非线性关系。一般情况下：

$$0 < |r| < 1$$

但 $|r|$ 究竟多大才能说 x 与 y 之间存在线性相关系呢？这就是回归直线相关性的显著性问题，也就是 $|r|$ 值达到一定值才可用回归直线近似地表示 x 与 y 之间的关系。

根据概率统计理论得出测量次数（实验点数）n、显著性水平 a 与相关系数 r 的起始值见下表 $1-14$：

表 $1-14$　n、a 和 r

$n-2$ ＼ a ＼ r	r_{min} 5	r_{min} 1	$n-2$ ＼ a ＼ r	r_{min} 5	r_{min} 1
1	0.997	1.000	12	0.532	0.661
2	0.950	0.990	15	0.482	0.606
3	0.878	0.959	18	0.444	0.561
4	0.811	0.917	20	0.423	0.537
5	0.754	0.874	25	0.381	0.487
6	0.707	0.834	30	0.349	0.449
7	0.666	0.798	40	0.304	0.393
8	0.632	0.765	50	0.273	0.354
9	0.602	0.735	80	0.217	0.283
10	0.576	0.708	100	0.195	0.254

由表 $1-14$ 可见，显著性水平或称信度 a 愈小，显著程度愈高。

例 1-8　求例 $1-7$ 的相关系数、信度和相对误差。

解：

$$r = \frac{l_{xy}}{\sqrt{l_{xx}l_{yy}}} = \frac{\sum x_i y_i - n\,\overline{xy}}{\sqrt{\left(\sum x_i^2 - n\bar{x}^2\right)\left(\sum y_i^2 - n\bar{y}^2\right)}} =$$

$$\frac{9228 - 10 \times 49.9 \times 17.4}{\sqrt{(27176 - 10 \times 49.9^2)(3182 - 10 \times 17.4^2)}} = 0.92$$

查表 $1-14$ 知 $n=10$，$a=5\%$ 时，$r_{min}=0.632$；$a=1\%$ 时，$r_{min}=0.765<0.92$。因此可以说 x 与 y 的线性关系在 $100\%-a=99\%$ 的水平上显著，即 x 与 y 之间的关系用直线来回归是合适的。

实验数据与回归直线 $\hat{y}=5.424+0.24x$ 的相对误差如表 $1-15$ 所列。

表 $1-15$　相对误差

x_i	22	34	39	43	46	54	58	64	67	72
y_i	11	13	16	16	17	15	20	19	24	23
$\hat{y}_i$	10.7	13.6	14.8	15.7	16.5	18.4	19.3	20.8	21.5	22.7
相对误差/%	-2.8	4.3	-8.2	-1.6	-3.3	18.4	-3.4	8.6	-11.6	-1.3

3. 多元线性回归

在化工实验中,影响因变量的因素往往有多个,即

$$y = f(x_1, x_2, \cdots, x_n)$$

如果 y 与 $x_1, x_2, \cdots, x_n$ 之间的关系是线性的,则其数学模型为

$$\hat{y} = b_0 + b_1 x_1 + b_2 x_2 + \cdots + b_n x_n$$

多元线性回归的任务就是根据实验数据 $y_i, x_{ij}(i = 1, 2, \cdots, n; j = 1, 2, \cdots, m)$,求出适当的 $b_0, b_1, \cdots, b_n$ 使回归方程与实验数据符合。

其原理同一元线性回归一样,使 $\hat{y}$ 与实验值 y_i 的偏差平方和 Q 最小:

$$Q = \sum_{j=1}^{m} (y_j - \hat{y}_i)^2 = \sum_{j=1}^{m} (y_j - b_0 - b_1 x_{1j} - b_2 x_{2j} \cdots - b_n x_{nj})^2$$

令

$$\frac{\partial Q}{\partial b_i} = 0$$

即

$$\frac{\partial Q}{\partial b_0} = -2 \sum_{j=1}^{m} (y_j - b_0 - b_1 x_{1j} - \cdots - b_n x_{nj}) = 0$$

$$\frac{\partial Q}{\partial b_1} = -2 \sum_{j=1}^{m} (y_j - b_0 - b_1 x_{1j} - \cdots - b_n x_{nj}) x_{1j} = 0$$

$$\frac{\partial Q}{\partial b_2} = -2 \sum_{j=1}^{m} (y_j - b_0 - b_1 x_{1j} - \cdots - b_n x_{nj}) x_{2j} = 0$$

$$\frac{\partial Q}{\partial b_n} = -2 \sum_{j=1}^{m} (y_j - b_0 - b_1 x_{1j} - \cdots - b_n x_{nj}) x_{nj} = 0$$

由此得正规方程($\sum\limits_{j=1}^{m}$ 简化作 $\sum$):

$$\begin{cases} m b_0 + b_1 \sum x_{1j} + b_2 \sum x_{2j} + \cdots + b_n \sum x_{nj} = \sum y_j \\ b_0 \sum x_{1j} + b_1 \sum x_{1j}^2 + b_2 \sum x_{1j} x_{2j} + \cdots + b_n \sum x_{1j} x_{nj} = \sum y_j x_{1j} \\ b_0 \sum x_{2j} + b_1 \sum x_{1j} x_{2j} + b_2 \sum x_{2j}^2 + \cdots + b_n \sum x_{2j} x_{nj} = \sum y_j x_{2j} \\ \vdots \\ b_0 \sum x_{nj} + b_1 \sum x_{1j} x_{nj} + b_2 \sum x_{2j} x_{nj} + \cdots + b_n \sum x_{nj}^2 = \sum y_j x_{nj} \end{cases}$$

可表示为矩阵形式:

$$\begin{bmatrix} m & \sum x_{1j} & \sum x_{2j} & \cdots & \sum x_{nj} \\ \sum x_{1j} & \sum x_{1j}^2 & \sum x_{1j} x_{2j} & \cdots & \sum x_{1j} x_{nj} \\ \sum x_{2j} & \sum x_{1j} x_{2j} & \sum x_{2j}^2 & \cdots & \sum x_{2j} x_{nj} \\ \vdots & \vdots & \vdots & & \vdots \\ \sum x_{nj} & \sum x_{ij} x_{nj} & \sum x_{2j} x_{nj} & \cdots & \sum x_{nj}^2 \end{bmatrix} \begin{bmatrix} b_0 \\ b_1 \\ b_2 \\ \vdots \\ b_n \end{bmatrix} = \begin{bmatrix} \sum y_i \\ \sum y_j x_{1j} \\ \sum y_j x_{2j} \\ \vdots \\ \sum y_j x_{nj} \end{bmatrix}$$

用高斯消去法或其它方法可解得待定参数 $b_0, b_1, \cdots, b_n$。系数矩阵中的 m 值为 y_i 值的个数。

例 1-9 已知 y 为 x_1, x_2 的线性函数,实验测得 y_i 与 x_{1i}, x_{2i} 的关系如表 1-16 所列,试求 $y = b_0 + b_1 x_1 + b_2 x_2$。

表 1-16　y_i 与 $x_{1i}、x_{2i}$ 的关系

m	x_1	x_2	y	x_1^2	x_2^2	$x_1 x_2$	$x_1 y$	$x_2 y$
1	1.0	2.0	15	1.0	4.0	2.0	15.0	30.0
2	2.5	3.0	24	6.25	9.0	7.5	60.0	72.0
3	5.0	4.0	37	2.5	16.0	20.0	185	148
4	6.5	5.0	46	42.25	25.0	32.5	299	230
5	8.0	6.0	55	64	36.0	48.0	440	330
$\sum$	23	20	177	138.5	90.0	110.0	999	810

由正规方程,可得

$$b_0 = \bar{y} - b_1 \bar{x}_1 - b_2 \bar{x}_2$$

$$\begin{cases} l_{11} b_1 + l_{12} b_2 = l_{1y} \\ l_{12} b_1 + l_{22} b_2 = l_{2y} \end{cases}$$

$$b_1 = \frac{l_{1y} l_{22} - l_{2y} l_{12}}{l_{11} l_{22} - l_{12}^2}$$

$$b_2 = \frac{l_{2y} l_{11} - l_{1y} l_{12}}{l_{11} l_{22} - l_{12}^2}$$

其中

$$l_{11} = \sum x_1^2 - \frac{1}{m} \left(\sum x_1 \right)^2$$

$$l_{12} = l_{21} = \sum x_1 x_2 - \frac{1}{m} \sum x_i \sum x_2$$

$$l_{22} = \sum x_2^2 - \frac{1}{m} \left(\sum x_2 \right)^2$$

$$l_{1y} = \sum x_1 y - \frac{1}{m} \sum x_1 \sum y$$

$$l_{2y} = \sum x_2 y - \frac{1}{m} \sum x_2 \sum y$$

由 x_1, x_2, y 列表计算得 $\sum x_1, \sum x_2, \sum y, \sum x_1^2, \sum x_2^2, \sum x_1 x_2, \sum x_1 y, \sum x_2 y$(见表 1-16),则

$$l_{11} = 138.5 - 23^2/5 = 32.7$$

$$l_{12} = l_{21} = 110 - 23 \times 20/5 = 18$$

$$l_{22} = 90 - 20^2/5 = 10$$

$$l_{1y} = 999 - 23 \times 177/5 = 184.8$$

$$l_{2y} = 810 - 20 \times 177/5 = 102$$

$$b_1 = \frac{184.8 \times 10 - 102 \times 18}{32.7 \times 10 - 18^2} = 4.0$$

$$b_2 = \frac{102 \times 32.7 - 184.8 \times 18}{32.7 \times 10 - 18^2} 3.0$$

$$b_0 = 177/5 - 4 \times 23/5 - 3 \times 20/5 = 5.0$$

得回归方程为

$$\hat{y} = 5.0 + 4.0x_1 + 3.0x_2$$

4. 非线性回归

实际问题中变量间的关系很多是非线性的,如 $y = ax^b$,$y = ae^{bx}$,$y = ax_1^b x_2^c \cdots x_n^m$ 等,处理这些非线性函数的主要方法是将其转变为线性函数。

1）一元非线性回归

对于 1.2.2 节中所述的有关非线性函数 $y = f(x)$ 可以通过函数变换,令 $Y = \phi(y)$,$X = \psi(x)$,转化成线性关系:$Y = a + bX$。

2）一元多项式回归

由数学分析可知,任何复杂的连续函数均可用高阶多项式近似表达,因此对于那些较难直线化的函数,可以用下式逼近:

$$y = b_0 + b_1 x + b_2 x^2 + \cdots + b_n x^n$$

如令 $Y = y$,$X_1 = x$,$X_2 = x^2$,$\cdots$,$X_n = x^n$,则上式转化为多元线性方程:

$$Y = b_0 + b_1 X_1 + b_2 X_2 + \cdots + b_n X_n$$

这样就可用多元线性回归求出系数 b_0,b_1,$\cdots$,b_n。

注意,虽然多项式的阶数越高,回归方程的精度(与实际数据的逼近程度)越高,但阶数越高,回归计算的舍入误差也越大,所以当阶级 n 过高时,回归方程的精度反而降低,甚至求不出合理结果,故一般 n 取 3~4 即可。

3）多元非线性回归

一般也是将多元非线性函数转化为多元线性函数,其方法同一元非线性函数。

如圆形直管内强制湍流时的对流传热关联式:$Nu = a\,Re^b\,Pr^c$,方程两端取对数得

$$\lg Nu = \lg a + b\lg Re + c\lg Pr$$

令

$$Y = \lg Nu \quad b_0 = \lg a \quad X_1 = \lg Re$$
$$X_2 = \lg Pr \quad b_1 = b \quad b_2 = c$$

则可转化为多元线性方程

$$Y = b_0 + b_1 X_1 + b_2 X_2$$

由此可按多元线性回归方法处理。

第二章　化工参数测量及常用仪器仪表

　　流体压强、流量以及温度都是化工生产和科学实验中的重要信息,是必须测量的基本参数。所用仪器的准确度如何,对实验结果影响很大,而且仪表的选用应该符合工作的需要。仪器选用或设计合理,既可节省投资,又能获得满意的结果。下面就常用的测量温度、压力、流量时所用仪表的构造、工作原理及使用做一些简要介绍。

2.1　温　度　测　量

　　化工生产和科学实验中,温度往往是测量和控制的重要参数之一。测温仪表按其测量范围来分,测量 550℃ 以下的仪表称温度计,测量 550℃ 以上的仪表称高温计;按其测量方法来分,有接触式测温仪表(感温元件与被测物体接触)和非接触式测温仪表(感温元件与被测物体不接触)。

　　化工实验室所涉及的温度和测量对象都可以用接触式测温法进行。因此非接触式测量仪器用得很少。下面介绍实验室常用的接触式温度计,如表 2-1 所列。

表 2-1　接触式温度计分类表

工作原理	仪器名称	使用温度范围/℃	特　点
热膨胀	玻璃管温度计 双金属温度计 压力式温度计 (长尾温度计)	-80~500 -80~500 -50~450	简单,便宜,使用方便,感温面积大
热电阻	铂、铜电阻温度计 半导体温度计	-200~600 -50~300	精度高,远传,感温面积大,体积小,灵敏度好,线性差,互换性差
热电偶	铜—康铜—热电偶 铂—铂铑—热电偶	-100~300 200~1800	结构简单,感温面积小,适应性差,可远传,线性差

　　常用接触式温度计有热膨胀温度计(玻璃管温度计、压力式温度计)、热电阻温度计和热电偶温度计三种。现分别简述如下。

2.1.1　热膨胀式温度计

一、玻璃管温度计

　　玻璃管温度计是最常用的一种测温仪器。其结构简单,价格便宜,读数方便,有较高的精度,测量范围为 -80℃~500℃。它的缺点是易损坏,损坏后无法修复。目前实验室用得最多的是水银温度计和有机液体(如乙醇)温度计。水银温度计测量范围广,刻度均匀,读数准确,但损坏后会造成汞污染。有机液体(乙醇、苯等)温度计着色后读数明显,但由于膨胀系数随温度而变化,故刻度不均匀,读数误差较大。玻璃管温度计又分为三种形式:棒式、内标式和电接点式(见表2-2)。

表2-2 常用玻璃管温度计

	棒　式	内　标　式	电　接　点　式
特点	实验室最常用的一种直径 $d = 6mm \sim 8mm$ 长度 $l = 250mm, 280mm, 300mm,$ $420mm, 480mm$	工业上常用的一种 $d_1 = 18mm, d_2 = 9mm$ $l_1 = 230mm$ $l_2 = 130mm$ $l_3 = 60mm \sim 2000mm$	用于控制、报警等,分固定接点与可调接点两种
外形图			固定接点　可调接点

1. 玻璃管温度计的安装和使用

(1) 安装在没有大的震动,不易受碰撞的设备上,特别是有机液体玻璃温度计,如果震动很大,容易使液柱中断。

(2) 玻璃温度计感温泡中心应处于温度变化最敏感处(如管道中流速最大处)。

(3) 玻璃温度计安装在便于读数的场所。不能倒装,也应尽量不要倾斜安装。

(4) 为了减少读数误差,应在玻璃温度计保护管中加入甘油、变压器油等,以排除空气等不良导体。

(5) 水银温度计读数时按凸面的最高点读数;有机液体玻璃温度计则按凹面最低点读数。

(6) 为了准确地测定温度,用玻璃管温度计测定物体温度时,指示液柱应该全部插入欲测的物体中。

例如在测量时,水银柱的上部露在欲测物体外部,则这段水银的温度不是欲测物体的

温度,因此必须按下式校正:

$$\Delta T = \frac{n(T - T')}{6000}$$

式中　　n——露出部分水银柱高度(温度刻度数);

　　　　T——温度计指示的温度;

　　　　T'——露出部分周围的中间温度(要用另一支温度计测出);

　　$\frac{1}{6000}$——玻璃与水银的膨胀系数之差。

则真实的温度 $= T + \Delta T$。

例 2-1　为了精确测定系统的水温,应该如图 2-1 所示安装。除了主温度计外,还有附加温度计。主温度计读出温度为 45.3℃,水面处温度计刻度为 15℃,因此露出部分水银柱为 30.3℃。附加温度读数为 24.7℃,经校正后,实际温度为 45.4℃。计算过程如下:

$$\Delta T = \frac{(45.3 - 15.0) \times (45.3 - 24.7)}{6000}℃ = \frac{30.3 \times 20.6}{6000}℃ = 0.10℃$$

因此实际温度为

$$45.3℃ + 0.1℃ = 45.4℃$$

2. 璃管温度计的校正

玻璃管温度计在进行温度精确测量时要校正,校正方法有两种:与标准温度计在同一状况下比较;利用纯质相变点如冰—水—水蒸气系统校正。

实验室内将被校验的玻璃管温度计与标准温度计(在市场上购买的二等标准温度计)插入恒温槽中,待恒温槽的温度稳定后,比较被验温度计与标准温度计的示值。注意示值误差的校验应采用升温校验。这是因为对有机液体来说它与毛细管壁有附着力,在降温时,液柱下降会有部分液体停留在毛细管壁上,影响读数准确。水银计在降温时也会因摩擦发生滞后现象。

如果实验室内无标准温度计可作比较,亦可用冰—水—水蒸气的相变温度来校正温度计。

1) 用水和冰的混合液校正 0℃

在 100ml 烧杯中,装满碎冰或冰块,然后注入蒸馏水至液面达到冰面下 2cm 为止,插入温度计使刻度便于观察或是露出 0℃于冰面之上,搅拌并观察水银柱的改变,待其所指温度恒定时,记录读数。这就是校正过的零度。注意勿使冰块完全溶解。

2) 用水和水蒸气校正 100℃

温度计校正装置如图 2-2 所示。塞子留缝隙是为了平衡试管内外的压力。加入沸石及 10ml 蒸馏水。调整温度计使其水银球在液面上 3cm。以小火加热并注意蒸汽在试管壁上冷凝形成一个环,控制火力使该环在水银球上方约 2cm 处,要保持水银球上有一液滴以维持液态与气态间的热平衡。观察水银柱读数直到温度保持恒定,记录读数。再经过气压校正后即是校正过的 100℃。

二、压力式温度计(长尾温度计)

1. 压力式温度计工作原理

压力式温度计也是一种膨胀式温度计,它可以用于测定 -50℃ ~450℃ 的温度。

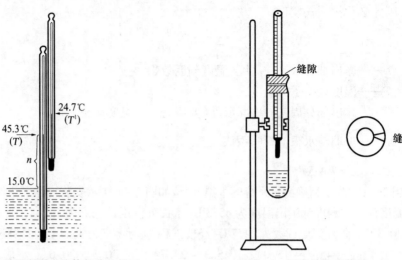

图 2 – 1　对温度露出液体部分的校正　　　　　图 2 – 2　温度计校正装置

压力式温度计作用原理如图 2 – 3 所示。压力式温度计利用气体、液体或低沸点液体为感温物质填于温包(7)、毛细管(6)和弹簧管(3)构成的密闭温度测量系统内。当温包内的感温物质受到温度作用时,密闭系统内压力发生变化,同时引起弹簧管弯曲率的变化,并使其自由端发生位移,通过连杆(4)和传动机构(5)带动指针(1),在刻度盘(2)上直接显示出温度的变化值。

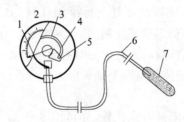

图 2 – 3　压力式温度计的作用原理

1—指针；2—刻度盘；3—弹簧管；4—连杆；5—传动机构；6—毛细管；7—温包。

2. 压力式温度计的特点

(1) 压力式温度计的毛细管最大长度可达 60m,所以该温度计既可就地测量,又可以在 60m 范围内较远距离显示、记录、报警和辅助调节所测温度。

(2) 压力式温度计的结构较简单、价格便宜、刻度清晰,适用于固定工业设备内气体、蒸气或液体在 –50℃ ~450℃ 内的温度测量。被测介质最大压力为 6MPa。

(3) 除电接点压力式温度计外,其他形式的温度计不带电源,使用中不会有火花产生,因此具有防爆性能,适用于易燃、易爆环境下的温度测量。

(4) 压力式温度计的示值由毛细管传递,滞后时间长,即时间常数大。另外,毛细管机械强度较差,易损坏,而且损坏后不易修复。

3. 压力式温度计的使用

压力式温度计在安装前可采用与双金属温度计相同的校验方法。

由于压力式温度计是通过毛细管传递压力、指示温度的,因此反映温度有一滞后过程。读数时,特别是当毛细管较长而介质温度变化较剧烈时,应该待示值较稳定后再记下读数,否则会带来一定的误差。

2.1.2 热电偶式温度计

一、热电偶测温原理

取两根不同材料的金属丝或合金丝 A 和 B,将其两端焊在一起就组成了一个闭合回路。如将其一端加热,使该接点处的温度 T 高于另一个接点处的温度 T_0,在此闭合器路中就有电动势产生,如图 2-4(a)所示。如果在此回路中串接一只直流毫伏计(将金属 B 断开接入毫伏计,或者在两金属线的接头 T_0 处断开接入毫伏计),如图 2-4(b)所示,就可见到毫伏计中有电势指示,这种现象称为热电效应。

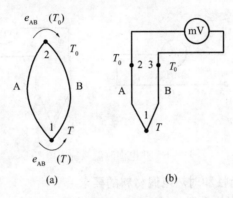

图 2-4 热电效应

热电效应是因为两种不同金属的自由电子密度不同,当两种金属接触时,在两种金属的交界处就会因电子密度不同而有电子扩散,扩散后在两金属接触面两侧形成静电场即接触电势差。这种接触电势差仅与两金属的材料和接触点的温度有关。温度越高,金属中自由电子就越活跃,使接触处所产生的电场强度增加,接触面电动势也相应增大。根据这个原理制成了热电偶测温计。

若把导体的两端闭合,形成闭合回路,如图 2-5 所示。由于两金属的接点温度不同 $(T > T_0)$ 就产生了两个大小不等、方向相反的热电势 $e_{AB}(T)$ 和 $e_{AB}(T_0)$。在此闭合回路中总的热电势 $E_{AB}(T,T_0)$ 为

$$E_{AB}(T,T_0) = e_{AB}(T) \pm e_{AB}(T_0) \tag{2-1}$$

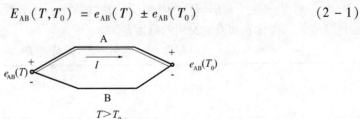

图 2-5 热电偶原理

也就是说,总的热电势等于热电偶两接点热电势的代数和。当 A,B 材料固定后,热电势是接点温度 T 和 T_0 的函数之差。如果一端温度 T_0 保持不变,即 $e_{AB}(T_0)$ 为常数,则热电势 $E_{AB}(T,T_0)$ 就成为温度 T 的单值函数了,而和热电偶的长短及直径无关。这样,只要测出热电势的大小,就能判断测温点温度的高低,这就是利用热电现象来测量温度的原理。

利用这一原理,人们选择了符合一定要求的两种不同材料的导体,将其一端焊起来,就构成了一支热电偶。焊点的一端插入测温对象,称为热端或工作端,另一端称为冷端或自由端。

利用热电偶测量温度时,必须要用显示仪表如毫伏计或电位差计来测量热电势的数值,如图 2-6 所示。测量仪表往往要远离测温点,故接入连接导线 C,这样就在 AB 所组成的热电偶回路中加入了第三种导线,从而构成了新的接点。实验证明,在热电偶回路中接入第三种金属导线对原热电偶所产生的热电势数值并无影响,不过必须保证引入线两端的温度相同。同理,如果回路中串入多种导线,只要引入线两端温度相同,也不影响热电偶所产生的热电势。

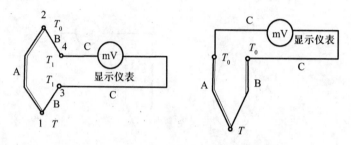

图 2-6　热电偶测温系统连接图

二、常用热电偶的特性和对热电偶材料的要求

为了便于选用和自制热电偶,必须对热电偶材料提出要求和了解常用电偶的特性。

1. 对热电偶材料的基本要求

（1）物理、化学性能稳定;

（2）测温范围广,在高低温范围内测温准确;

（3）热电性能好,热电势与温度成线性关系;

（4）电阻温度系数小,这样可以减少附加误差;

（5）机械加工性能好;

（6）价格便宜。

2. 常用热电偶的特性

表 2-3 中列举了常用的几种热电偶的特性数据。使用者可以根据表中列出的数据,选择合适的二次仪表和确定使用的温度范围。

表 2-3　常用热电偶特性表

热电偶名称	型号	分度号	100℃时的热电势/mV	最高使用温度/℃	
				长期	短期
铂铑$_{10}$*—铂—热电偶	WRLB	LB-3	0.643	1300	1600
镍铬—考铜—热电偶	WREA	EA-2	6.95	600	800
镍铬—镍硅—热电偶	WRN	EU-2	4.095	900	1200
铜—康铜—热电偶	WRCK	CK	4.29	200	300
*:10 指含量为 10%					

34

3．实验室常用的热电偶

化工实验室测温范围较窄，且测温值多在100℃左右，故用铜—康铜热电偶作为测量元件较为合适。

2.1.3 热电阻式温度计

热电阻是最常用的一种感温元件。它具有结构简单，使用方便，精度高，测量范围宽等优点。热电阻与二次仪表配套使用，可以远传、显示、记录和控制 −200℃～600℃温度范围内的液体、气体、蒸气等介质及固体表面的温度。

1．热电阻温度计的工作原理

热电阻的测温原理是基于金属或半导体的电阻值随温度变化而变化，再由显示仪表测出热电阻的电阻值，从而得出与电阻值相应的温度值。由热电阻、连接导线和显示仪表组成的测温装置称为电阻温度计。

如图2－7所示，感温元件（1）是以直径为0.03mm～0.07mm的铂丝（2）绕在有锯齿的云母骨架（3）上，再用两根直径为0.5mm～1.4mm的银导线作为引出线（4）引出，与显示仪表（5 连接。当感温元件上铂丝受到温度作用时，感温元件的电阻值随温度而变化，并呈一定的函数关系 $R_{\mathrm{T}} = f(T)$。将变化的电阻值作为信号输入具有平衡或不平衡电桥回路的显示仪表以及调节器和其它仪表等，即能测量或调节被测量介质的温度。由于感温元件占有一定的空间，所以不能像热电偶那样，用它来测量"点"的温度，但是在有些情况下，当要求测量任意空间内或表面部分的平均温度时，热电阻用起来却特别方便。换句话说，热电阻所测量的温度，乃是它所占空间的平均温度。

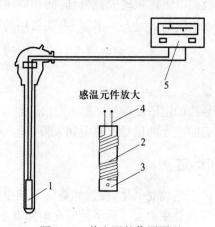

感温元件放大

图2－7 热电阻的作用原理

1—感温元件；2—铂丝；3—云母骨架；4—引出线；5—显示仪表。

热电阻温度计的热敏元件有用金属丝和半导体两种。通常，前者使用铂丝，后者是利用半导体热敏物质。各种电阻温度计性质概括在表2－4中。

2．工业常用热电阻类型

1）铂电阻

铂是一种制造热电阻比较理想的材料，它易于提纯，在氧化性介质中具有很高的稳定性和良好的复制性，电阻与温度变化关系近似线性，并具有较高的测量精度，但在高温下，

表 2 - 4　电阻温度计的性质

种类	使用温度范围/℃	温度系数/℃$^{-1}$
铂电阻温度计	-260 ~ 630	+0.0039
镍电阻温度计	<150	+0.0062
铜电阻温度计	<150	+0.0043
热敏电阻温度计	<350	-0.06 ~ -0.03

铂易受还原性介质损伤,质地变脆。在 0℃ ~630℃ 温度范围内,铂的电阻值与温度的关系可精确地用式(2-2)表示。

$$R_t = R_0(1 + At + Bt^2 + Ct^3) \qquad (2-2)$$

在 -190℃ ~0℃ 范围内,铂的电阻值与温度的关系为

$$R_t = R_0[A + At + Bt^2 + C(t - 100)t^3] \qquad (2-3)$$

式中　R_t——温度为 $T(℃)$ 时的电阻值(Ω);

R_0——温度为 0℃ 时的电阻值(Ω);

A、B、C——常数,且 $A = 3.96847 \times 10^{-3}/℃$,$B = -5.847 \times 10^{-7}/℃$,$C = -4.22 \times 10^{-12}/℃$。

目前工业常用的铂电阻为 Pt100($R_0 = 100\Omega$)。

2) 铜电阻

铜电阻的优点是价格便宜,易于提纯和加工成丝,电阻温度系数很大,电阻与温度呈线性关系,在测温范围 -50℃ ~150℃ 内具有很好的稳定性。其缺点是温度超过 150℃ 后易被氧化,氧化后失去良好的线性关系。另外,由于铜的电阻率小,为了具有适当的电阻值,电阻丝必须较细、较长,故铜电阻体积较大,滞后时间相应增加,机械强度降低。和铂电阻相同,工业上对标准化铜电阻的 R_0 也统一作了规定,常用的铜电阻的 R_0 为 53Ω,分度号为 G。

3. 热电阻的特点

(1) 测量精度高,性能稳定。

(2) 由于本身电阻大,导线的电阻影响可忽略,因此信号可以远传和记录。

(3) 灵敏度高,它在低温时产生的信号比热电偶大得多。

2.1.4　温度计的校验和标定

热电偶在使用过程中,由于热端受氧化、腐蚀和高温下热电偶材料再结晶,因此热电特性会发生变化,而使测量误差愈来愈大。为了使温度的测量能保证一定的精度,热电偶必须定期进行校验,以测出热电势的变化。当其变化超出规定误差范围时,可以更换热电偶丝或把原来热电偶低温端剪去一段,重新焊接后加以使用。在使用前必须重新进行校验。

(1) 对新焊好的热电偶需校对电势、温度是否符合标准,检查有无复制性,或进行单个标定。

(2) 对所用热电偶定期进行校验,测出校正曲线,以便对高温氧化产生的误差进行校正。

表 2 - 5 所列检验温度和检验设备可根据测定温度范围而定,例如实验室测温系统在

36

100℃左右,故可用油浴恒温槽检验,在所测温度范围内找 3 个 ~ 4 个点。利用标准温度计与热电偶进行比较。标定方法与标定其它温度计类似。

表 2 – 5   热电偶校正检验点表

热电偶名称	检验温度/℃	检验设备
铂铑$_{30}$—铂铑$_6$—热电偶	100,1200,1400,1554	管式电炉
镍铬—考铜—热电偶	300,400,600	油浴槽,管式电炉
铜—康铜—热电偶	– 196, – 100, + 100, + 300	液氨槽,油浴槽

热电阻在使用之前要进行校验,使用一定时间后仍需进行校验,以保证其准确性。对于工作基准或标准热电阻的校验,通常要在几个平衡点下进行,如0℃冰、水平衡点等,要求高,方法复杂,设备也复杂,我国有统一的规定要求。工业用热电阻的检验,方法就简单多了,只要 R_0 (0℃时电阻值)及 R_{100}/R_0 (R_{100} 是 100℃时电阻值)的数值不超过规定的范围即可。

2.2 压 力 测 量

在化工生产及科学实验中,经常要考察流体流动阻力,某处压力或真空度以及用节流式流量计测量流量,这些过程的本质都是进行压力差的测量。化工生产和实验研究中测量压力的范围非常宽,如从真空到几十帕、几百兆帕表压,所需的精度也各不相同,因此目前用于测压的仪器的种类繁多,原理也各不相同。根据工作原理和工作状况可作如下分类:

1. 按仪表的工作原理分

(1)液柱式压力计:利用液体高度产生的力去平衡未知力的方法来测量压力的压力计。

(2)弹性压力计:利用弹性元件受压后变形产生的位移来测量压力的压力计。

(3)电测压力计:通过某些转换元件,将压力变换为电量来测量压力的压力计。

2. 按所测的压力范围分

(1)压力计:测量表压力的仪表。

(2)气压计:测量大气压力的仪表。

(3)微压计:测量 $10N/cm^2$ 以下的表压力的仪表。

(4)真空计:测量真空度或负压力的仪表。

(5)差压计:测量两处压力差的仪表。

3. 按仪表的精度等级分

(1)标准压力计:精度等级在 0.5 级以上的压力计。

(2)工程用压力计:精度等级在 0.5 级以下的压力计。

4. 按显示方式分

(1)指示式。

(2)自动记录式。

(3)远传式。

(4)信号式。

下面分类介绍几种常用测压方法。

2.2.1 液柱压力计

一、液柱式压力计

液柱式压力计是利用液柱所产生的压力与被测介质压力相平衡,然后根据液柱高度来确定被测介质压力值的压力计。液柱所用的液体种类很多,可以采用单纯物质,也可以用液体混合物,但所用液体在与被测介质接触处必须有一个清楚而稳定的分界面,即所用液体不能与被测介质发生化学反应或相互渗透,以便准确地读数。同时所用液体的密度及其与温度关系必须是已知的,液体在环境温度的变化范围内不应汽化或凝固。常用的工作液体有水银、水、酒精、甲苯等。

液柱压力计最后测量的是液面的相对垂直位移,因此上限只可能到 1.5m 左右,下限为 0.5m 左右,否则不便于观察,因此液柱式压力计的测量范围约为 1m 水银柱高的压力。

液柱压力计包括 U 形管压差计、单管压差计、斜管压差计、微差压差计等,其结构及特性见表 2-6。这种压力计是最早用来测量压力的仪表,由于结构简单、使用方便、价格便宜,在一定的条件下比较容易得到较高的精度,目前还在广泛使用。但是由于它不能测量较高的压力,也不能进行自动的指示和记录,所以它的应用范围受到限制。一般可作为实验室中低压的精密测量以及用于仪表的检定校验。

表 2-6　液柱式压差计的结构及特性

名称	示意图	测量范围	静态方程	备　注
U 形管压差计		高度差 h 不超过 800mm	$\Delta p = h(\rho_A - \rho_B)g$ (液体) $\Delta p = h\rho g$ (气体)	零点在标尺中间,用前不需调零,常用作标准压差计
斜管压差计		高度差 h 不超过 200mm	$\Delta p = L\rho g(\sin\alpha + S_1/S_2)$ 当 $S_2 \gg S_1$ 时,$\Delta p = L\rho g\sin\alpha$	α 小于 15°～20° 时可通过改变 α 的大小来改变测量范围,零点在标尺下端,用前需调整
U 形管双指示液压差计		高度差 h 不超过 500mm	$\Delta p = h(\rho_A - \rho_C)g$	U 形管中装有 A、C 两种密度相近的指示液,且两臂上方有"扩大室",旨在提高测量精度

38

有时将 U 形管压差计倒置,如图 2-8 所示,称倒 U 形管压差计。这种压差计的优点是不需要另加指示液而以待测液体为指示液。其压差值为

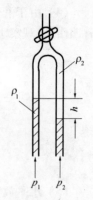

$$\Delta p = h(\rho_1 - \rho_2)g \qquad (2-4)$$

当 p_2 为空气压力时

$$\Delta p = h\rho g \qquad (2-5)$$

当测量压差值微小时,可采用斜管压差计或微差压差计,请参考化工原理教材。

图 2-8 倒 U 形管压差计

二、液柱式压力计使用注意事项

液柱式压力计虽然构造简单、使用方便、测量准确度高,但耐压程度差、结构不牢固、容易破碎、测量范围小、示值与工作液体密度有关,因此在使用中必须注意以下几点:

(1)被测压力不能超过仪表测量范围。有时因被测对象突然增压或操作不当造成压力增大,会使工作液冲走。若是水银工作液被冲走,既带来损失,又可能造成水银中毒的危险。在工作中特别注意!

(2)被测介质不能与工作液混合或起化学反应。若被测介质与水或水银混合或起化学反应,则应更换工作液或采取加隔离液的方法。常用的隔离液如表 2-7 所列。

表 2-7 常用的隔离液

测量介质	隔离液	测量介质	隔离液
氯气	98%的浓硫酸或氟油	氨水、水煤气	变压器油
氯化氢	煤油	水煤气	变压器油
硝酸	五氯乙烷	氧气	甘油

(3)液柱压力计安装时应注意避开过热、过冷和有震动的地方。因为过热工作液容易蒸发,过冷工作液可能冻结,震动太大会把玻璃管震破,造成测量误差。一般,冬天常在水中加入少许甘油或者采用酒精、甘油、水的混合物作为工作液以防冻结。表 2-8 为各种百分比的甘油与水混合液的冻结温度;表 2-9 为酒精、甘油、水的混合物的冰点。

表 2-8 水溶液的冻结温度

甘油质量分数/%	10	20	30	40	45	50	60
混合物密度/(g/cm³)	1.0245	1.0495	1.0771	1.1045	1.1183	1.1329	1.1582
混合物冻结温度/℃	-1.0	-2.5	-10.62	-17.2	-26.2	-32	-35

表 2-9 酒精、甘油、水的混合物冰点

混合物的成分/%			混合物的冰点/℃	20℃时的密度/(g/cm³)
水	酒精	甘油		
60	30	10	-18	0.992
45	40	15	-28	0.987
43	42	15	-32	0.970
70	30		-10	0.970
60	40		-19	0.963

（4）由于液体的毛细现象，在读取压力值时，视线应与液柱中心面平齐，观察水时应看凹面处，观察水银面时应看凸面处，如图2-9所示。

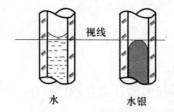

图2-9　水和水银在玻璃管中的毛细现象

（5）水平放置的仪表，测量前应将仪表放平，再校正零点。如果工作液面不在零位线上，可用调零位器、移动可变刻度标尺或灌注工作液体等方式，使液面与零位对齐。

工作液为水时，可在水中加入一点红墨水或其它颜料，以便于观察读数。

在使用过程中应保持测量管和刻度标尺的清晰，定期更换工作液。经常检查仪表本身和连接管间是否有泄漏现象。

2.2.2　弹性压力计

弹性压力计使用各种形式的弹性元件作为敏感元件来感受压力，并利用弹性元件受压后变形产生反作用力与被测压力平衡，此时弹性元件的形变是被测压力的函数，这样就可以用测量弹性元件的形变（位移）的方法来测得压力的大小。

弹性压力计中常用的弹性元件有弹簧管、膜片、膜盒、皱纹管等，其中弹簧管压力计用得最多。

一、弹簧管压力计的工作原理

弹簧管压力计主要由弹簧管、齿轮传动机构、示数装置（指针和分度盘）以及外壳等几部分组成。其结构如图2-10所示。

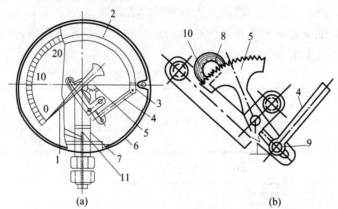

图2-10　弹簧压力计及其传动部分

（a）弹簧压力计；（b）传动部分。

1—指针；2—弹簧管；3—接头；4—拉杆；5—扇形齿轮；6—壳体；
7—基座；8—齿轮；9—铰链；10—游丝；11—管接头。

弹簧管（2）是一根弯成圆弧形的横截面为椭圆形的空心管子。椭圆的长轴与通过指针（1）的轴芯的中心线相平行，弹簧管（2）的自由端是封闭的，游丝（10）用来克服因扇形齿轮(5)和齿轮(8)的传动间隙而产生的仪表误差。

弹簧管(2)的另一端焊在仪表的壳体(6)上,并与管接头(11)相通,管接头(11)用来把压力计与需要测量压力的空间连接起来,介质由所测空间通过细管进入弹簧管(2)的内腔中。在介质压力的作用下,弹簧管(2)由于内部压力的作用,其断面极力倾向变为圆形,迫使弹簧管(2)的自由端产生移动,这一移动距离(通常称为管端位移量)借助拉杆(4),带动齿轮传动机构(5 和 8),使固定在齿轮(8)上的指针(1)相对于分度盘旋转,指针(1)旋转角的大小正比于弹簧管(2)自由端的位移量,亦即正比于所测压力的大小,因此可借助指针(1)在分度盘上的位置指示出待测压力值。

圆弧形的弹簧管(2)在压力作用下,使管子的任何截面形状都力图变成圆形,因此使管子的椭圆截面的短轴增大,但是变形后的管子长度没有改变,即 cd 和 $c'd'$(图2-11)的长度保持不变。设 $od = r, od' = R, R - r = 2b$(弹簧管(2)椭圆形截面的短轴),$\angle cod = \gamma$ 并

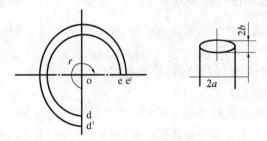

图 2 - 11　弹簧管

设 r', R', b', γ' 为弹簧管(2)变形后的相应值,由于管子变形后的长度不变,因而

$$R\gamma = R''\gamma' \qquad (2-6)$$

$$r\gamma = r'\gamma' \qquad (2-7)$$

式(2-6)与式(2-7)相减得

$$(R - r)\gamma = (R' - r')\gamma'$$

或

$$2b\gamma = 2b'\gamma' \qquad (2-8)$$

当管子受压后,截面的短轴 b 大,即 $b' > b$,因而 $\gamma' < \gamma$,迫使弹簧管(2)的自由端移动一个位置,得到一个位移量,此位移量就相应于某一个压力值。设

$$b' = b + \Delta b, \quad \gamma' = \gamma - \Delta\gamma$$

代入式(2-8)可得

$$\Delta y = \frac{\Delta b}{b + \Delta b}\gamma \qquad (2-9)$$

由式(2-9)可见,弹簧管原来弯曲的角度 γ 越大,管子截面的短轴 b 越小,角度的变化 $\Delta\gamma$ 则越大,即灵敏度越高。

二、弹簧管压力计使用安装中的注意事项

为了保证弹簧管压力计正确示数和长期使用,最重要的因素是仪表的安装与维护质量。在使用时应注意下列各项规定:

(1)仪表应工作在允许的压力范围内,在静压力下一般不应超过测量上限的70%,在波动压力时,不应超过测量上限的60%。

（2）工业用压力表应在环境温度为 -40℃ ～ +60℃、相对温度不大于80%的条件下使用。

（3）仪表安装处与测定点间的距离应尽量短，以免指示迟缓。

（4）在震动情况下使用仪表时要装减震装置。

（5）测量结晶或黏度较大的介质时，要加装隔离器。

（6）仪表必须垂直安装，无泄漏现象。

（7）仪表的测定点与仪表的安装处应处于同一水平位置，否则将产生附加高度误差，必要时需加修正值。

（8）测量爆炸、腐蚀、有毒气体的压力时，应使用特殊的仪表，氧气压力表严禁接触油类，以免爆炸。

（9）仪表必须定期校验，合格的仪表才能使用。

2.2.3 压强（或压强差）的电测方法

压强或压强差除了用前面介绍的测量方法外，还常用电信号来测量。电信号常用在远传、数据采集和计算机控制等方面。

压强的测量是利用"变送器"（传感器）将待测的非电量转变成一个电量，然后对该电量进行直接测量或作进一步的加工处理。

非电量的电测技术是现代化科学技术的重要组成部分，是现代化工科研、实验和生产中不可或缺的技术。目前有很多非电量压强、压强差的电测法，下面以电动差压变送器为例作一简单介绍。

一、电动差压变送器的原理

电动差压变送器是一种常用的压力变送器，它可以用来连续测量差压、液位、分界面等工艺参数，它与节流装置配合，也可以连续测量液体、蒸气和气体的流量。

电动差压变送器具有反应速度快和传送距离远的特点。

电动差压变送器是以电为能源，它将被测差压 Δp 的变化转化成直流电流（0mA ～ 10mA）的统一标准信号，送往调节器或显示仪表进行调节、指示和记录。

电动差压变送器是根据力矩平衡原理工作的，图 2 - 12 是它的工作原理示意图。被测差压 $\Delta p = p_1 - p_2$，通过测量膜盒（或膜片）（1）转换成作用于主杠杆（2）的力 $F_测$。在

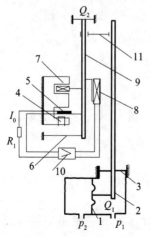

1—测量膜盒；

2—主杠杆；

3—轴封膜片；

4—测量范围细调螺钉；

5—反馈线圈；

6—调零装置；

7—永久磁铁；

8—位移检测线圈；

9—副杠杆；

10—放大器；

11—主、副杠杆连接簧片。

图 2 - 12　电动差压变送器工作原理示意图

$F_{测}$的作用下主杠杆(2)绕密封膜片支点Q_1偏转,并通过连接簧片(11)使副杠杆(9)以十字簧片Q_2为支点偏转,从而使固定在副杠杆上的位移检测片位移h距离。位移检测线圈(8)能够将此微小位移转变成相应的电量再通过放大器(10)变为$0mA \sim 10mA$的直流电流输出,此电流I_0即为输出电流。它同时通过处于永久磁铁(7)内的反馈线圈(5)。由于通电线圈在磁场中要受到电磁力的作用,因此当I_0通过反馈线圈(5)时产生一个与测量力$F_{测}$相平衡的反馈力$F_{反}$,作用于副杠杆(9),使杠杆系统回到平衡状态。此时的电流即为变送器的输送电流,它与被测差压成正比:

$$I_0 = K\Delta p$$

其中K是比例系数,它可以通过移动连接主副杠杆的簧片(11)来改变。因为移动了簧片(11),就可以改变反馈力矩的大小,从而达到量程调节的目的。因此,电动差压变送器的量程范围可以根据需要调整,实现一台变送器具有多种量程的要求。

二、差压变送器的用途

(1)作为压力变送器。用于压力或真空度的测量和记录。

(2)测量流量。当用锐孔或文丘里流量计测量流体的流量时,可以将节流元件前后的压力接在变送器的测量膜盒的前后,膜盒接受到压差后经过变换输出电信号,实现远传记录。电传可以克服水银压差计因为各种原因使水银冲出而造成的汞害。它的缺点是价格比U形管贵,且精度不如U形管压差计。

2.2.4　压力计的校验和标定

新的压力计在出厂之前要进行校验,以鉴定其技术指标是否符合规定的精度。当压力计在使用一段时间以后,也要进行校验,目的是确定是否符合原来的精度,如果确认误差超过规定值,就应对该压力计进行检修,经检修后的压力计仍需进行校验才能使用。

对压力计进行校验的方法很多,一般分为静态校验和动态校验两大类。静态校验主要是测定静态精度,确定仪表的等级,它有两种方法,一种为"标准表比较法",另一种为"砝码校验法"。动态校验主要是测定压力计(主要是电测压力计)的动态特性,如仪表的过渡过程、时间常数和静态精度等。常用的方法是"激波管法"。

2.3　流　量　测　量

化工生产与科学试验过程中,经常需检测各介质(液体、气体、蒸气和固体)的流量,为管理和控制生产提供依据,所以流量检测是化工生产及实验中参数测定最重要的环节之一。

流量分为瞬时流量和累积流量两种:瞬时流量是指在单位时间内流过管道某截面流体的量,可分为体积流量和质量流量两种;累积流量又称为总量,是指一段时间内,流过管道截面流体的总和。测量流量的方法和仪器很多,本节仅介绍常用的差压式流量计、转子流量计、涡轮流量计。

2.3.1　差压式流量计

差压式流量计是基于液体经过节流元件(局部阻力)时所产生的压降实现流量测量

的。差压式流量计使用历史悠久,已经积累了丰富的实践经验和完整的实验资料,常用的节流元件如孔板、喷嘴、文丘里管等均已标准化。这些标准件节流装置的设计计算以及计算所用的实验数据资料都有统一标准。下面介绍标准节流元件的基本原理,以便根据这些知识进行选择和使用实验所需的流量计。

一、常用的节流元件种类与测量原理

目前应用较多的节流元件有以下三种:

1. 标准孔板

标准孔板的形状如图 2 - 13 所示。它是一块带有圆孔的板,圆孔与管道同心,直角入口边缘非常锐利。

标准孔板的进口圆筒部分应与管道同心安装。孔板必须与管道轴线垂直,其偏差不得超过 ±1°。孔板材料一般是不锈钢、铜或硬铝。

2. 标准喷嘴

标准喷嘴适用的管道直径 D 为 50mm ~ 1000mm,孔径比 β 为 0.32 ~ 0.8,雷诺数为 $2 \times 10^4 \sim 2 \times 10^6$。

标准喷嘴的结构如图 2 - 14 所示。一般均由专业厂家制造。

3. 文丘里管

文丘里管是由入口圆筒段 A、圆锥形收缩段 B、圆筒形 C 和圆锥形扩散段 E 所组成。文丘里管的几何形状如图 2 - 15 所示。文丘里管第一收缩段锥度为 21° ± 1°,扩散段为 7° ~ 15°,d/D 为 0.4 ~ 0.7。

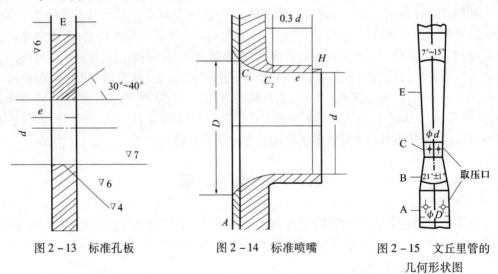

图 2 - 13 标准孔板   图 2 - 14 标准喷嘴   图 2 - 15 文丘里管的
                                                                     几何形状图

二、节流元件的取压方式

节流元件的测压地点与取压方式有以下几种,在设计小型孔板装置时可以选用任一种。

1. 角接取压

在孔板前后单独钻有小孔取压,小孔在夹紧环上(图 2 - 16 下部)。

2. 环室取压

环室内开了取压小孔。角接、环室取压小孔直径均为 1mm ~ 2mm(如图 2 - 16 上

44

部)。

环室取压的前后环室装在节流件的两侧,环室夹在法兰之间。法兰和环室,环室和节流件之间放垫片夹紧。

文丘里管的取压装置一般放在文丘里管前方流束未收缩处(A)和喉部后面的缩脉处(C),如图 2-15 所示。

以上介绍的取压位置和方式,使得自行设计大型节流元件时,流量系数值能够接近一个常数。然而自行设计的小型流量计很难做到这一点,故小型装置均要进行单个标定才能得到很好的精度。

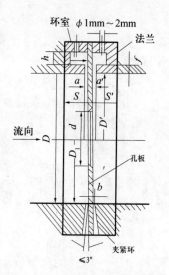

图 2-16　角接取压装置示意图

3. 测速管(毕托管)

测速管又名毕托管,是用来测量导管中流体的点速度的。它的构造如图 2-17 所示。测速管由两根弯成直角的同心套管组成。外管的管口是封闭的,在外管壁面四周开有测压小孔,外管及内管的末端分别与液柱压强计相连接。测速管的管口正对着导管中流体流动的方向,在测量过程中,测速管内充满被测的流体。设在测速管口前面一小段距离处点 1 的流速为 u_1,静压强为 p_1,当流体流过测速管时因受到测速管口的阻挡,使点 1 至测速管口点 2 间的流速逐渐变慢,而静压强升高,在管口点 2 处的流速 u_2 为零(因测速管内的流体是不流动的),静压强增至 p_2。管口上流体静压头的增高是由于点 1 至点 2 间流体的速度头转化而来,所以,在点 2 上所测得的流体静压头(m 流体柱)为

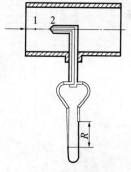

$$\frac{p_2}{\rho g} = \frac{p_1}{\rho g} + \frac{u_1^2}{2g}$$

式中,ρ 为流体密度(kg/m^3)。即在测速管的内管所测得的为管口所在位置的流体静压头之和,合称为冲压头。

测速管的外管壁面与导管中流体的流动方向相平行,流体在管壁垂直方向的分速度等于零,所以,在外管壁面测压小孔上测得的是流体的静压头 $p_1/\rho g$。因测速管的管径很小,一般为 5mm~6mm,所以测压小孔与内管口的位置高度可以看成在同一水平线上。在测速管末端液柱压强计上所显示的压头差为管口所在位置水平线上的速度头 $u_1^2/2g$:

图 2-17　测速管

$$\Delta h = \frac{p_2}{\rho g} - \frac{p_1}{\rho g} = \frac{p_1}{\rho g} + \frac{u_1^2}{2g} - \frac{p_1}{\rho g} = \frac{u_1^2}{2g} \qquad (2-10)$$

或

$$u_1 = \sqrt{2g\Delta h} \qquad (2-11)$$

式中　u_1——测速管口所在位置水平线上流体的点速度(m/s);

　　　　h——液体压强计的压头差(m 流体柱);

　　　　g——重力加速度,$g = 9.81\text{m/s}^2$。

如果将测速管的管口对准导管中心线,此时,所测得的点速度为导管截面上流体的最大速度 u_{max},仿照式(2-11)可写出

$$u_{max} = \sqrt{2g\Delta h} = \sqrt{\frac{2gR(\rho_i - \rho)}{\rho}} \qquad (2-12)$$

式中　R——液柱压强计上的读数（m）；

　　　ρ_i——指示液的密度（kg/m³）；

　　　ρ——流体的密度（kg/m³）。

由 u_{max} 算出

$$Re_{max} = \frac{du_{max}\rho}{\mu}$$

从图 2 – 18 中查到 u/u_{max} 的数值，即可求出导管截面上流体的平均速度 $\bar{u}$（见速度分布），于是，导管中流体的流量为

$$Q = A_u = \frac{\pi}{4}d^2 u \qquad (2-13)$$

式中　Q——流体的流量（m³/s）；

　　　A——导管的截面积（m²）；

　　　d——导管的内径（m）。

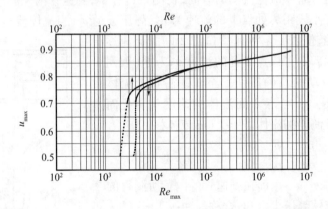

图 2 – 18　平均流速对最大流速比与 Re_{max} 的关系

为了提高测量的准确性，测速管须装在直管部分，并且应与导管的轴线相平行。管口至能产生涡流的地方（如弯头、大小头和阀门等），须大于 50 倍导管直径的距离，因为在这样的装置条件下，流体在导管中的速度分布才是稳定的，在导管中心线上所测得的点速度才为最大速度。测速管在使用前须校正。

测速管装置简单，对于流体的压头损失很小，它的特点是只能测定点速度，可用来测定流体的速度分布曲线。

2.3.2　转子流量计

转子流量计是另一种形式的流量测量仪表。它与前面所讲的差压式流量计测量原理完全不同。差压式流量计，是在节流面积（如孔板面积）不变的条件下，以差压变化来反映流量的大小；而转子流量计，却是以压降不变，利用节流面积的变化来反映流量的大小。因此，转子流量计是恒压降、变节流面积的流量测量法。这种流量计与差压式流量计相比较，适用于测量小流量。如指示式转子流量计体积可以小到手指那么大，测量可小到每小

时几升,因此在实验室中得到广泛的应用。

图2-19是指示式转子流量计的原理图,它主要由两个部分组成:一个是由下往上逐渐扩大的锥形管(通常用玻璃制成);另一个是放在锥形管内的可自由运动的转子。工作时,被测流体(气体或液体)由锥形管下部进入,沿着锥形管向上运动,流过转子与锥形管之间的环隙,再从锥形管上部流出。当流体流过锥形管时,位于锥形管中的转子受到向上的"冲力",使转子浮起。当这个力正好等于浸没在流体里的转子重量(即等于转子重量减去流体对转子的浮力)时,则作用在转子上的上下两个力达到平衡,此时转子就停浮在一定的高度上。假如被测流体的流量突然由小变大时,作用在转子上的"冲力"就加大。因为转子在流体中的重量是不变的(即作用在转子上的向下力是不变的),所以转子就上升。由于转子在锥形管中位置的升高,造成转子与锥形管间的环隙增大(即流通面积增大),随着环隙的增大,流体流过环隙时的流速降低,因而"冲力"也就降低,当"冲力"再次等于转子在流体中的重量时,转子又稳定在一个新的高度上。这样,转子在锥形管中的平衡位置的高低与被测介质的流量大小

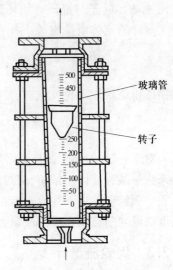

图2-19 指示式转子流量计

相对应。如果在锥形管外沿其高度刻上对应的流量值,那么根据转子平衡位置的高低就可以直接读出流量的大小。这就是转子流量计测量的基本原理。

转子流量计中转子的平衡条件是,转子在流体中的重量等于流体对转子的"冲力",由于流体的"冲力"实际上就是流体在转子上下的静压降与转子截面积的乘积,所以转子在流体中的平衡条件是

$$V_{转}(\rho_{转} - \rho_{流})g = (p_{前} - p_{后})A_{转} \qquad (2-14)$$

式中　$V_{转}$——转子的体积(m^2);

　　　$\rho_{转}$——转子材料的密度(kg/m^3);

　　　$\rho_{流}$——被测流体的密度(kg/m^3);

　　　g——重力加速度(m/s^2);

　$p_{前}$、$p_{后}$——分别为转子上、下流体作用在转子上的静压力(N/m^2);

　　　$A_{转}$——转子的最大横截面积(m^2)。

由于在测量过程中,$V_{转}$、$\rho_{转}$、$\rho_{流}$、$A_{转}$均为常数,所以($p_{前} - p_{后}$)也应为常数。这就是说,在转子流量计中,流体的压降是固定不变的。所以,转子流量计是定压降变节流面积法测量流量。

由流体力学原理可知,压力差($p_{前} - p_{后}$)可用流体流过转子和锥形管环隙时的速度来表示,即

$$p_{前} - p_{后} = \xi \frac{u^2 \rho_{液}}{2} \qquad (2-15)$$

式中　ξ——阻力系数,与转子的形状、流体的黏度等有关,无因次;

u——流体流过环隙时的流速(m/s)。

由式(2-14)与式(2-15)就可求得通过环隙截面流体的流速为

$$u = \sqrt{\frac{V_{转}(\rho_{转} - \rho_{液})2g}{\xi \rho_{液} A_{转}}} \qquad (2-16)$$

若用A_0表示转子与锥形管间环隙的截面积,用$\varphi = 1/\xi$代表校正因素,就可以求出流过转子流量计的流体质量流量:

$$G = u\rho_{液} A_0 = \varphi A_0 \sqrt{\frac{2g V_{转}(\rho_{转} - \rho_{液})\rho_{液}}{A_{转}}} \qquad (2-17)$$

或用体积流量表示为

$$Q = u A_0 = \varphi A_0 \sqrt{\frac{2g V_{转}(\rho_{转} - \rho_{液})}{\rho_{液} A_{转}}} \qquad (2-18)$$

对于一定的仪表,φ是个常数。从式(2-17)和式(2-18)可以看出,当用转子流量计来测量某种流体流量时,流过转子流量计的流量只和转子与锥形管间的环隙截面积A_0有关。而锥形管由下往上逐渐扩大,所以A_0与转子浮起的高度有关。这样,根据转子的高度就可判断被测介质的流量大小。

2.3.3 涡轮流量计

在流体流动的管道里,安装一个可以自由转动的叶轮,当流体通过叶轮时,流体的动能使叶轮旋转,流体的流速越高,动能越大,叶轮转速也就越高。因此,测出叶轮的转数或转速,就可以确定流过管道的流量。日常生活中使用的自来水表、油量计等,都是利用类似的原理制成的,其结构如图2-20所示。它主要由下列几部分组成:

(1)涡轮:用高导磁系数的不锈钢材料制成。叶轮芯上装有螺旋形叶片,流体作用于叶片使之旋转。

(2)导流器:用以稳定流体的流向和支撑叶轮。

(3)磁电感应转换器:由线圈和磁铁组成,用以将叶轮的转速转换成相应的电信号。

(4)外壳:由非导磁的不锈钢制成,用以固定和保护内部零件,并与流体管道连接。

(5)前置放大器:用以放大磁电感应转换器输出的微弱电信号,进行远距离传送。

涡轮流量计的工作原理是:当流体流过涡轮流量计时,推动涡轮旋转,高导磁性的涡

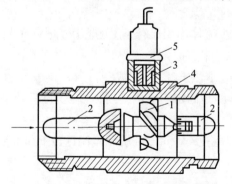

图2-20 涡轮流量计

1—涡轮;2—导流器;3—磁电感应转换器;4—外壳;5—前置放大器。

48

轮叶片周期性地扫过磁铁,使磁路的磁阻发生周期性的变化,线圈中的磁通量也跟着发生周期性的变化,线圈中感应出交流电信号。交流电信号的频率与涡轮的转速成正比,也与流量成比,这个电信号经前置放大后,就送入电子计数器或电子频率计,以累积或指示流量。

若被测流体体积流量为 Q,流量计的流通面积为 A,则被测流体的平均流速 u 为

$$u = \frac{Q}{A} \tag{2-19}$$

由图 2-21 知

$$u = \frac{U}{\tan\beta} \tag{2-20}$$

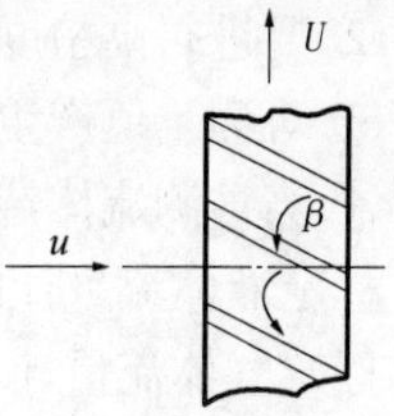

式中　β——叶轮平均半径处叶片与叶轮轴线的夹角;

　　　U——叶轮旋转的圆周速度,且

$$U = \overline{\omega} r = 2\pi n r \tag{2-21}$$

图 2-21　涡轮运动示意图

式中　n——涡轮转数(1/s);

　　　r——叶轮的平均直径(m)。

所以

$$Q = uA = \frac{U}{\tan\beta}A = \frac{2\pi n r}{\tan\beta}A \tag{2-22}$$

磁电转换装置由永久磁铁和线圈组成。由于涡轮叶片是导磁材料,所以每当叶片转到磁钢位置时磁路的磁阻减小而磁通变大,磁通的变化即可使线圈感生交变电流,磁电转换器交变电流的脉冲信号频率 f 和叶轮转数 n 存在如下的关系:

$$f = nz$$

式中　z——叶片数,即磁电转换装置将转数转换成电脉冲信号,然后经前置放大器放大,由显示仪表显示。

经换算得

$$Q = \frac{2\pi r A}{\tan\beta \cdot z}f \tag{2-23}$$

设

$$\frac{1}{\xi} = \frac{2\pi r A}{\tan\beta \cdot z} \tag{2-24}$$

则

$$Q = f/\xi \tag{2-25}$$

式中　f——磁电转换器交变电流脉冲频率(赫)或(脉冲数/秒),此数由流量显示仪读出,此流量显示仪的量程分三挡: $\times 5(0 \sim 250)$赫; $\times 10(0 \sim 500)$赫; $\times 20(0 \sim 1000)$赫;

　　　Q——通过流量计流体的体积流量(L/s);

　　　ξ——涡轮流量计的流量系数(脉冲数/升),其物理意义是每流过单位体积的流体所发出的脉冲数。

使用涡轮流量计时,一般应加装过滤器,以保持被测介质的洁净,减少磨损,并防止涡轮被卡住。安装时,必须保证变送器的前后有一定的直管段,使流向比较稳定。一般入口

直管段的长度取管道内径的 10 倍以上，出口取 5 倍以上。

2.3.4　流量计的检验和标定

只有正确地使用流量计，才能得到准确的流量测量值。应该充分了解该流量计构造和特性，采用与其相适应的方法进行测量，同时还要注意使用中的维护、管理。每隔一定的时间要标定一次。若遇到下述几种情况，应考虑需对流量计进行标定。

① 使用长时间放置的流量计时；

② 要进行高精度测量时；

③ 对测量值产生怀疑时；

④ 当被测流体特性不符合流量计标定用的流体特性时。

标定液体流量计的方法可分为容器式、称重式、标准体积式和标准流量计式等。

标定气体流量计和标定液体流量计一样有各种注意事项。但标定气体流量计时需特别注意测量流过被标定流量计和标准器的实验气体的温度、压力、湿度，另外对实验气体的特性必须在实验之前了解清楚。例如，气体是否溶于水，在温度、压力的作用下其性质是否会发生变化。按使用的标准容器形式来划分，校验方式有容器式、音速喷嘴式、肥皂膜实验器式、标准流量计式、湿式流量计式等几种方式。

第三章 化工原理基础实验

实验一 流体阻力测定实验

一、实验目的及任务

（1）学习流体直管摩擦阻力 h_f、直管摩擦系数 λ 的测定方法。

（2）掌握不同流量下摩擦系数 λ 与雷诺数 Re 之间的关系及变化规律。

（3）学习流体流经管件时，局部阻力、局部阻力系数 ξ 的测定方法。

（4）掌握压差计和流量计的使用方法。

（5）掌握对数坐标纸的用法。

二、实验原理

流体在管路中流动时，由于黏性和涡流的作用，要消耗一定机械能。流体在直管中流动产生的机械能损失称为直管摩擦阻力，流体通过管件、阀件等的局部障碍时，因流动方向和流动截面的突然改变也会造成机械能损失称为局部阻力。

1. 直管摩擦阻力

流体在水平等径管道中作定态流动时，由截面 1 流动到截面 2 时阻力损失表现为压强降低，即

$$h_f = \frac{p_1 - p_2}{\rho} = \frac{\Delta p}{\rho} \quad (\text{J/kg}) \tag{3-1}$$

影响流体阻力的因素较多，目前尚不能用理论方法求解，在工程上通常采用因次分析指导下的实验研究方法，以简化实验，得到在一定条件特征下具有普遍意义的结果。根据因次分析法，得出影响阻力损失的因素有流体性质（密度（ρ）、黏度（μ））、管路的几何尺寸（管径（d）、管长（l）、管壁粗糙度（ε））、流动条件（流速（u））。即

$$\Delta p = f(d, l, \mu, \rho, u, \varepsilon) \tag{3-2}$$

经无因次化得

$$\frac{\Delta p}{\rho u^2} = \phi\left(\frac{du\rho}{\mu}, \frac{l}{d}, \frac{\varepsilon}{d}\right) \tag{3-3}$$

令

$$\lambda = \psi\left(Re, \frac{\varepsilon}{d}\right) \tag{3-4}$$

$$\frac{\Delta p}{\rho} = \psi\left(Re, \frac{\varepsilon}{d}\right)\frac{l}{d}\frac{u^2}{2} \tag{3-5}$$

可得流体在圆形直管内流动的摩擦阻力与摩擦阻力系数间关系为

51

$$h_f = \frac{\Delta p}{\rho} = \lambda \frac{l}{d} \frac{u^2}{2} \qquad (3-6)$$

对于水平等径管,两截面间的压强差$(p_1 - p_2)$,可由液柱压差计测得

$$\Delta p = R(\rho_0 - \rho)g \qquad (3-7)$$

式中　R——液柱压差计读数(m);

　　　ρ——被测流体密度(kg/m³);

　　　ρ_0——指示剂密度(kg/m³),如用倒 U 形管压差计,指示剂为空气。

则

$$\Delta p = R(\rho - \rho_0)g \approx R\rho g$$

代入式(3-6),得

$$Rg = \lambda \frac{l}{d} \frac{u^2}{2} \qquad (3-8)$$

由此可计算出摩擦系数 λ 值。

$$Re = \frac{du\rho}{\mu} = \frac{4q_v\rho}{\pi\mu d} \qquad (3-9)$$

由流量计测定流量 q_v(参阅 2.3 节)后计算得 Re。

2. 局部阻力

局部阻力可通过阻力系数法测定。

克服局部阻力所引起的能量损失,可表示为

$$h_f = \xi \frac{u^2}{2} \quad (\text{J/kg}) \qquad (3-10)$$

式中:ξ 为局部阻力系数,其测定方法与摩擦系数一样,只要测出流体流经管件的阻力 h_f 与流速(或流量),即可算出局部阻力系数。其与流体流过的管件的几何形状及流体的 Re 有关,当 Re 大到一定值后,ξ 与 Re 无关,成为定值。

(1) 装置 I 局部阻力测定与计算:

测定流体流过阀门的局部阻力,计算公式如下:

$$h_{f局} = \Delta p_{局}/\rho = (2\Delta p_{近} - \Delta p_{远})/\rho = \xi \times (u^2/2)$$

$$\xi = \frac{\Delta p}{\rho} \times \frac{2}{u^2}$$

式中　$\Delta p_{近}$——近端压差(Pa);

　　　$\Delta p_{远}$——远端压差(Pa)。

(2) 装置 II、III 局部阻力测定与计算:

测定流体流过弯头的局部阻力,其压降测定值,包括两取压点之间的直管段压降和 90°弯头压降,计算公式如下:

$$h_{f弯头} = h_{f局} - h_{f直2}$$

对于直管阻力,当流体流过两段直管的管径、粗糙度相同时,有 $\lambda_1 = \lambda_2$,所以

$$\frac{h_{f直1}}{h_{f直2}} = \frac{\lambda_1 \dfrac{l_1}{d} \dfrac{u^2}{2}}{\lambda_2 \dfrac{l_2}{d} \dfrac{u^2}{2}} = \frac{l_1}{l_2}$$

52

则

$$h_{f\text{弯头}} = h_{f\text{局}} - h'_{f\text{直}2} = R'g - h_{f\text{直}1}\frac{l_2}{l_1} = R'g - Rg\frac{l_2}{l_1} = \left(R' - R\frac{l_2}{l_1}\right)g$$

三、实验装置及流程

1. 流体阻力实验装置 I

流体阻力实验装置 I 流程如图 3 - 1 所示。

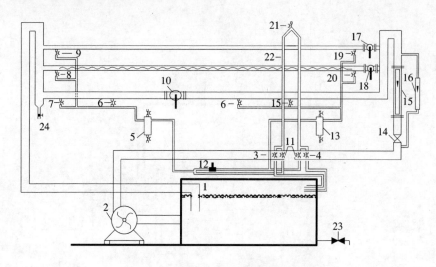

图 3 - 1　流体阻力实验装置 I 流程图

1—水箱；2—离心泵；3、4—放水阀；5、13—缓冲罐；6—局部阻力近端测压阀；7、15—局部阻力远端测压阀；
8、20—粗糙管测压回水阀；9、19—光滑管测压阀；10—局部阻力管阀；11—U 形管进水阀；12—压力传感器；
14—流量调节阀；15、16—玻璃转子流量计；17—光滑管阀；18—粗糙管阀；21—倒 U 形管放空阀；
22—倒 U 形管；23—水箱放水阀；24—放水阀。

　　离心泵（2）将水箱（1）中的水抽出，送入实验系统，首先经玻璃转子流量计（15、16）测量流量，然后送入被测直管段测量流体在光滑管或粗糙管的流动阻力，或经管阀（10）测量局部阻力后回到水箱（1），水循环使用。被测直管段流体流动阻力 Δp 可根据其数值大小分别采用压力传感器（12）或空气 – 水倒置 U 形管（22）来测量。

　　设备主要技术参数

　　（1）被测光滑直管段：管径 d—0.008m　管长 L—1.69m　材料—不锈钢管

　　　　　被测粗糙直管段：管径 d—0.010m　管长 L—1.69m　材料—不锈钢管

　　（2）被测局部阻力直管段：管径 d—0.015m　管长 L—1.2m　材料—不锈钢管

　　（3）压力传感器：

　　　　　型号：LXWY　测量范围：200kPa

　　（4）直流数字电压表：

　　　　　型号：PZ139　测量范围：0 ~ 200kPa

　　（5）离心泵：

　　　　　型号：WB70/055　流量：1.2 ~ 7.2（m³/h）　扬程：19.14m　电机功率：550W

（6）玻璃转子流量计：

型号	测量范围	精度
LZB—40	100 ~ 1000（L/h）	1.5
LZB—10	10 ~ 100（L/h）	2.5

2. 流体阻力实验装置Ⅱ

实验装置Ⅱ流程如图3-2所示。

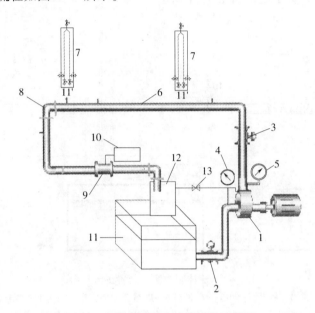

图3-2　流体阻力实验装置Ⅱ流程图

1—离心泵；2—入口阀；3—出口阀；4—真空表；5—压力表；6—直管；7—倒U形管压差计；
8—90°弯头；9—涡轮流量计；10—显示仪表；11—水槽；12—计量槽；13—灌水阀。

测定直管（6）的阻力，离心泵（1）将水槽中的水抽出，流经入口阀（2）、出口调节阀（3）、90°弯头（8）、涡轮流量计（9）、流回水槽（11）中。直管压强降、90°弯头压强差用倒U形管压差计（7）测定。

设备主要参数：

塑料直管：内径0.037m，管长2m。90°弯头距测压点的直管段长0.121m。

流量计：涡轮流量计（参第二章第三节）

$$V_s = f/\xi \times 10^{-3} \quad （m^3/s）$$

10挡　　$\xi = 77.33$脉冲数/L；

5挡　　$\xi = 78.56$脉冲数/L。

塑料管压强差（$p_1 - p_2$）、90°弯头压强差各由一倒U形管压差计（7）测定，压差计指示液为水—空气。

3. 流体阻力实验装置Ⅲ

实验装置Ⅲ流程如图3-3所示。

测定直管（1）的流体阻力，离心泵（8）将水槽中的水抽出，流经出口调节阀（7）、闸阀（6）、孔板流量计（4）、90°弯头（3）、直管（1）、活动弯头（10）流回水槽；流量由孔板流量计

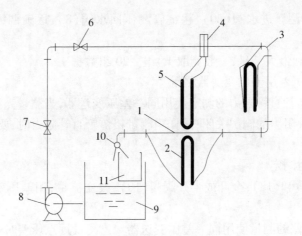

图 3-3 流体阻力实验装置Ⅲ流程图

1—直管;2—倒 U 形管;3—90°弯头;4—孔板流量计;5—U 形管压差计;6—闸阀;7—调节阀;

8—离心泵;9—水槽;10—活动弯头;11—计量槽。

的压差计(5)上读数(mmHg),查对应的流量曲线得出其体积流量(m^3/s)。直管(1)压强降和 90°弯头(3)压强差用倒 U 形管(2)测定,指示液为水—空气。

设备主要参数:

直管:内径 0.037m,管长 2m。90°弯头距测压点的直管段长 0.121m。

流量计:孔板流量计(参见第二章第三节)。

四、实验操作步骤

1. 流体阻力实验装置Ⅰ

(1)向水箱内注水,直到水满为止(有条件最好用蒸馏水,以保持流体清洁)。

(2)直流数字表的使用方法请详细阅读使用说明书。

(3)大流量状态下的压差测量系统,应先接电预热 10min~15min,调好数字表的零点,然后启动泵进行实验。

(4)光滑管阻力测定:

① 关闭粗糙管阀(18)、粗糙管测压进水阀(20)、粗糙管测压回水阀(8),将光滑管阀(17)全开。

② 在流量为零条件下,打开光滑管测压进水阀(19)和回水阀(9),旋开倒置 U 形管进水阀(11),检查导压管内是否有气泡存在。若倒置 U 形管内液柱高度差不为零,则表明导压管内存在气泡,需要进行排气操作,参见本实验后的附一。

③ 该装置两个转子流量计并联连接,根据流量大小选择不同量程的流量计测量流量。

④ 差压变送器与倒 U 形管也是并联连接,用于测量直管段的压差,小流量时用倒置 U 形管压差计测量,大流量时用差压变送器测量。应在最大流量和最小流量之间进行实验,一般测取 15 组~20 组数据。建议当流量小于 150L/h 时,只用倒置 U 形管来测量压差。

(5)粗糙管阻力测定

① 关闭光滑管阀(17)、光滑管测压进水阀(19)、光滑管测压回水阀(9),全开阀

（18），旋开粗糙管测压进水阀（20）、粗糙管测压回水阀（8），逐渐调大流量调节阀，赶出导压管内气泡。

② 从小流量到最大流量，一般测取15组～20组数据。

③ 直管段的压差用差压变送器测量。

光滑管和粗糙管直管阻力的测定使用同一差压变送器，当测量光滑管直管阻力时，要把通向粗糙管直管阻力的阀门关闭；同样当测量粗糙管直管阻力时，要把通向光滑管直管阻力的阀门关闭。

（6）局部阻力测定

关闭阀门（17）和（18），全开或半开阀门（10），改变流量，用差压变送器测量远点、近点压差。

远点、近点压差的测量使用同一差压变送器。当测量远点压差时，要把通向近点压差的阀门关闭；同样当测量近点压差时，要把通向远点压差的阀门关闭。

（7）测取水箱水温。

（8）待数据测量完毕，关闭流量调节阀，停泵。

（9）使用实验设备应注意的事项：

① 直流数字表操作方法请仔细阅读说明书。

② 启动离心泵之前，以及从光滑管阻力测量过渡到其它测量之前，都必须检查所有流量调节阀是否关闭。

③ 利用压力传感器测量大流量下 Δp 时，应切断空气—水倒 U 形玻璃管的阀门（11），否则影响测量数值。

④ 在实验过程中每调节一个流量之后应待流量和直管压降的数据稳定以后方可记录数据。

⑤ 较长时间未做实验，启动离心泵之前，应先转动盘轴，否则容易烧坏电机。

2. 流体阻力实验装置Ⅱ

（1）离心泵启动前，要灌水排气。操作顺序为：

① 关水泵进口阀；

② 开出口阀（不要太大）；

③ 开灌水阀向泵内加满水，然后关灌水阀和出口阀。

（2）检查各阀门关闭状态是否符合要求。关闭流量指示仪，并将量程开关拨至中间挡（×10），防止流量过大损坏仪表；用手搬动联轴器检查水泵能否正常转动。

（3）启动离心泵，立刻缓缓打开进口阀（2）和出口阀（3），打开流量指示仪开关，观察压差计两边液位是否等高，若高度不同，说明测压孔至仪表间的信号管内有空气存在，须进行排气操作，排气方法参见附二及附三。

（4）调节泵的出口阀门，使流量逐渐增至最大，按照流量从大到小顺序测取相关实验数据。在流量变化的整个范围内，可取 8 组～10 组数据（小流量选取密一些，大流量选取疏一些），待每调节一次流量稳定后再读取数据。倒 U 形管压差计，读取水的凹面数据，当流量较大时，管中液位波动大，可读取两次平均值。

（5）绝对不能转动涡轮流量变送器。

（6）测完数据后进行停泵操作：先关出口阀（3），后断电源和关进口阀（2）。

（7）停泵后,检查压差计两管中液位是否在同一高度,若不同,应分析原因,并考虑是否需要重做。

（8）记录水温。

3. 流体阻力实验装置Ⅲ

（1）离心泵(8)启动前,检查各阀门关闭状态是否符合要求,用手搬动联轴器检查水泵能否正常转动。

（2）启动离心泵(8),立刻缓缓打开出口阀,观察压差计两边液位是否等高,若高度不同,说明测压孔至仪表间的信号管内有空气存在,须进行排气操作,排气方法参见附二及附三。

（3）缓缓开离心泵(8)的出口阀门,不要开得过快,以防水银压差计中的水银被冲出,使流量逐渐增至最大,按照流量从大到小顺序测取相关实验数据。在流量变化的整个范围内,可取 8 组～10 组数据(小流量选取密一些,大流量选取疏一些),待每调节一次流量稳定后再读取数据。水银差计,读取水银凸面数据,倒 U 形管压差计,读取水的凹面数据,当流量较大时,管中液位波动大,可读取两次平均值。

（4）测完数据后进行停泵操作:先关出口阀,后断电源。

（5）停泵后,检查压差计两管中液位是否在同一高度,若不同,应分析原因,并考虑是否需要重做。

（6）记录水温。

五、实验报告要求

（1）将实验数据和数据整理结果列在数据表格中,并以其中一组数据为例写出计算过程。

（2）在双对数坐标纸上绘制 $\lambda—Re$ 关系曲线。

（3）根据所标绘的曲线,求本实验条件下滞流区的关系式,并与理论公式比较。

（4）求出局部阻力系数 ξ 的平均值,并与经验值比较。

六、思考题

（1）本实验要求得到哪些实验结果? 为得到这些结果,要知道哪些物理量? 直接测定哪些数据? 用什么仪表?

（2）在直管和导压管内是否有积存的空气? 如有,会有何影响?

（3）实验应取 12 组以上数据,且希望这些数据点在曲线上尽可能均匀分布,为此实验中压差的读数应怎样选取?

七、实验数据记录与整理

原始数据:

实验日期＿＿＿＿＿＿＿＿　同组者＿＿＿＿＿＿＿＿　指导教师＿＿＿＿＿＿＿＿

1. 装置Ⅰ

装置Ⅰ的直管、局部阻力测定如表 3－1(a)、表 3－1(b)所列。

直管:管内径 $D =$ ＿＿＿＿＿＿＿ m;管长 ＿＿＿＿＿＿ m。

水温: $t =$ ＿＿＿＿＿℃。

表 3-1(a)   直管阻力测定

序号	流量/(L/h)	直管压差 Δp		Δp
		kPa	mmH$_2$O	Pa
1				
2				
⋮				

表 3-1(b)   局部阻力测定

序号	流量/(L/h)	近端压差/Pa	远端压差/Pa	u/(m/s)
1				
2				
3				
⋮				

2. 装置Ⅱ

装置Ⅱ直管、局部阻力测定如表 3-2 所列。

直管:管内径 D = _____ m;管长 = _____ m。

弯管:直管段管长 = _____ m。

水温:t = _____ ℃;流量系数 _____。

表 3-2   直管、局部阻力测定

项目 / 实验点	流量测定(涡轮流量计)			直管阻力压差计读数			局部阻力压差计读数		
	频率 f(Hz)	量程挡数	流量系数	左	右	差 R	左	右	差 R
1 2 ⋮									

3. 装置Ⅲ

装置Ⅲ直管、局部阻力测定如表 3-3 所列。

直管:管内径 D = _____ m;管长 = _____ m。

弯管:直管段管长 = _____ m。

水温:t = _____ ℃。

表 3 - 3　直管、局部阻力测定

项目　　　　实验点	流量测定压差计读数			直管阻力压差计读数			局部阻力压差计读数		
	左	右	差 R	左	右	差 R	左	右	差 R
1									
2									
⋮									

4. 数据处理及结果表

数据处理表如表 3 - 4 所列。

表 3 - 4　数 据 处 理

序号	流量 q_V/(m^3/s)	直管 h_f/(J/kg)	局部 h'_f/(J/kg)	Re	摩擦系数 λ	阻力系数 ξ
1						
2						
⋮						

附一:导压管排气方法

导压系统如图 3 - 4 所示。操作方法如下:

在有流量下

① 打开阀 3、4、11、10s ~ 15s;

② 关闭阀 3、4;

③ 打开阀 21,将倒 U 形压差计中的气泡排净;

④ 关闭阀 11、21;

⑤ 慢开阀 3、4,至一边管留有液柱,立即关闭阀 3、4;

⑥ 开阀 11、4,以调平液位,关阀 4,关闭流量,此时若倒 U 形压差计中的差值为 0,则说明管线中的气已排净。

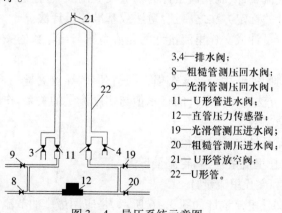

3,4—排水阀;
8—粗糙管测压回水阀;
9—光滑管测压回水阀;
11—U 形管进水阀;
12—直管压力传感器;
19—光滑管测压进水阀;
20—粗糙管测压进水阀;
21—U 形管放空阀;
22—U 形管。

图 3 - 4　导压系统示意图

59

附二:U形压差计排气方法

开动水泵让水流经U形管测定所在管路,打开U形管顶上的两个小阀门1、2,参见图3-5(a),此时气泡连同水一起流出,待水流均匀无气泡夹带,随即关上小阀门1、2,排气和操作即完成,如果打开小阀门,无水排出或者还吸气进去,表示测点负压,可增大主管内的流速,即能出现正压而排水。

附三:倒U形压差计排气方法

信号管中有气泡,上下拌动信号使气泡上升经测压孔进入管道,或同U形管压差计排气一样,将1、2、3、4阀门都打开进行排气(参见图3-5(b)),如水位过高(即空气少)可关3、4,打开1、2让水排走以吸入空气;如空气过多,可关3、2,开4、1,以使部分空气排出,至合适为止。

如玻璃管中有气泡,可开3、4,然后将1、2反复打开关闭,使气泡随玻璃管内水位的升降而上升除去,然后开3、4,关闭1、2阀,进行正常测压。

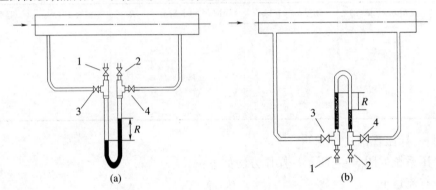

图3-5 U形压差计测压法示意图
(a)U形压差计;(b)倒U形压差计。

实验二 流量计标定实验

一、实验目的及任务

(1)熟悉节流式流量计、涡轮流量计的构造及应用。

(2)学习流量计的标定方法之一:容量法或基准流量计法。

(3)测定孔板流量计或文丘里流量计的孔流系数与雷诺数的关系(选作)。

二、实验原理

流量计经过长时间的使用会造成磨损,或其它原因导致测量误差,须对流量计进行标定,也就是用实验的方法测出流量计的指示值与实际流量的关系,作出流量曲线或确定流量计算公式中的流量系数。

本实验选下列流量计之一进行校核:

孔板流量计、文丘里流量计、涡轮流量计。

1. 孔板流量计和文丘里流量计

孔板流量计和文丘里流量计如图3-6所示,是应用最广的节流式流量计。本实验通过测定节流元件前后的压差及相应的流量来确定流量系数,并测定孔流系数与雷诺数的

60

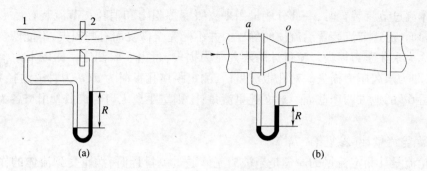

图 3 – 6 两种常用的流量计

(a) 孔板流量计；(b) 文丘里流量计。

关系。

孔板流量计是利用流体通过锐孔的节流作用,使流速增大,压强减小形成一缩脉(即流动截面最小处),此处流速最大,静压强相应降低。设流体为理想流体,则根据伯努力方程式,在截面 1、2 处有

$$\frac{u_2^2 - u_1^2}{2} = \frac{p_1 - p_2}{\rho} \tag{3 – 11}$$

经推导,孔板流量计流量为

$$V_s = u_0 A_0 = C_0 A_0 \sqrt{\frac{2gR(\rho_0 - \rho)}{\rho}} \tag{3 – 12}$$

式中 V_s——流体的体积流量(m^3/s)；

A_0——孔口面积(m^2)；

R——压差计读数(m)；

C_0——孔流系数。

影响 C_0 的因素很多,如管道中流动的 Re_d 和孔口面积与管道面积比 m、测压方式、孔口形状及加工光洁度、孔板厚度和管壁粗糙度等。因此只能通过实验测定。对于测压方式、结构尺寸、加工状况等均已规定的标准孔板,孔流系数可以表示为

$$C_0 = f(Re_d, m) \tag{3 – 13}$$

式中：Re_d 是以管径计算的雷诺数,即

$$Re_d = \frac{du_1\rho}{\mu} \tag{3 – 14}$$

孔板流量计是一种易于制造、结构简单的测量装置,但其主要缺点是能量损失大。为了减少能量损失,可采用文丘里流量计,如图 3 –6(b)所示。其操作原理和孔板流量计一样,但由于采用渐缩渐扩的结构,流速变化平缓,故能量损失很小。文丘里流量计的流量公式为

$$V_s = C_v A_o \sqrt{\frac{2\Delta p}{\rho}} = C_v A_o \sqrt{\frac{2gR(\rho_0 - \rho)}{\rho}} \tag{3 – 15}$$

式中 A_o——管喉截面积(m^2)；

C_v——文丘里流量计的孔流系数。

C_v 大小与雷诺数及管喉截面积与管道面积比 m 有关。具体关系由实验测定。

流体流过节流装置时,一部分能量用来克服摩擦阻力和消耗在节流装置后形成的旋涡上。因而,通过节流装置后流体的静压力并不能完全恢复而有些损失,不能恢复的这部分压力称为永久压力损失。流量计的永久压力损失,可由实验测定。测以下两个截面的压力差,即为永久压力损失。对孔板流量计,测定距离孔板前为 d(d 为管道内径)的地方和孔板后 $6d$ 的地方两个截面。对文丘里流量计,则定距离入口的扩散管出口各为 d 的两个截面。

2. 涡轮流量计(参见第二章)

涡轮流量计测定流量的原理是当被测流体通过流量计时,涡轮受到流体的作用而旋转,并将流量转换成涡轮的转数,即当被测流体体积流量为 Q 时,经换算得

$$Q = f/\xi \tag{3-16}$$

式中　f——磁电转换器交变电流脉冲频率(Hz)或(脉冲数/秒),由流量显示仪读出,此流量显示仪的量程分三挡:$\times 5$(0～250)Hz;$\times 10$(0～500)Hz;$\times 20$(0～1000)Hz;

　　Q——由秒表和流入计量槽水的体积测出;

　　ξ——涡轮流量计的流量系数(脉冲数/升),其物理意义是每流过单容积的流体发出的脉冲数。

从式(3-16)中可以看出流量 Q 与频率 f 成线性关系(小流量时例外),所以通过实验在坐标纸上绘制 $f-Q$ 曲线,应为直线,其斜率为 $1/\xi$。

由于流量与频率成线性关系,所以流量系数可取多次测量数据的平均值。

三、实验装置及流程

1. 流量计校核实验装置 I

装置 I 如图 3-7 所示。

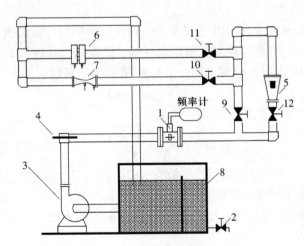

图 3-7　流量计校核实验装置 I 流程图

1—涡轮流量计;2—放水阀;3—离心泵;4—温度计;5—转子流量计;
6—孔板流量计;7—文丘里流量计;8—贮水槽;9、10、11、12—流量调节阀。

用离心泵(3)将贮水槽(8)的水直接送到实验管路中,经涡轮流量计计量后分别进入转子流量计、孔板流量计、文丘里流量计,最后返回贮水槽(8)。测量孔板流量计时把9、

11 阀门打开;10、12 阀门关闭。测量文丘里流量计时把 9、10 阀门打开;11、12 阀门关闭。测量转子流量计时把 12、10、11 阀门打开;9 阀门关闭。流量由调节阀 10、11、12 来调节。温度由铜电阻温度计测量。

1）设备参数

离心泵:

    型号:WB70/055   转速 $n = 2800 \text{r/min}$

    流量 $Q = 1.2 \text{m}^3/\text{h} \sim 7.2 \text{m}^3/\text{h}$ 扬程 $H = 19 \text{m} \sim 13.5 \text{m}$

贮水槽:550mm × 400mm × 450mm

试验管路:内径 $d = 43.0 \text{mm}$

2）流量测量

① 涡轮流量计:$\phi 43$,最大流量 $10 \text{m}^3/\text{h}$,涡轮流量计测量流量(m^3/h)。

② 文丘里流量计:喉径 $\phi 20$。

③ 转子流量计:LZB – 25($0.25 \text{m}^3/\text{h} \sim 2.5 \text{m}^3/\text{h}$)。

④ 铜电阻温度计。

⑤差压变送器(0kPa ~ 200kPa)。

2. 流量计校核实验装置Ⅱ

实验装置Ⅱ如图 3 – 2 所示。

校核涡轮流量计,计量槽底面积 $= 0.549 \times 0.2973 \text{m}^2$。

3. 流量计校核实验装置Ⅲ

实验装置Ⅲ如图 3 – 3 所示。

校核孔板流量计,计量槽底面积为 0.2973m^2。

四、实验操作步骤

1. 流量计校核实验装置Ⅰ

（1）启动离心泵前,关闭泵流量调节阀。

（2）启动离心泵。

（3）按流量从小到大的顺序进行实验。用流量调节阀调某一流量,待稳定后,读取涡轮频率数,并分别记录流量、压强差。

（4）实验结束后,关闭泵出口流量调节阀 9、12 后,停泵。

（5）使用实验设备应注意的事项:阀门 12 在离心泵启动前应关闭,避免由于压力大将转子流量计的玻璃管打碎。

2. 流量计校核实验装置Ⅱ

（1）离心泵启动前进行灌水排气。

（2）检查各阀门关闭状态是否符合要求:关闭离心泵出口阀门;关闭流量指示仪,并将量程开关拨至中间挡(×10);用手搬动联轴器检查水泵能否正常转动。

（3）启动离心泵,立刻缓缓打开出口阀,并打开流量指示仪开关,调节泵的出口阀门,使流量逐渐增至最大,按流量从大到小的顺序测取有关实验数据。在流量变化的整个范围内,可取 10 组 ~ 12 组数据(小流量选取密一些,大流量选取疏一些),待每调节一次流量经 3min ~ 5min 稳定后再读取数据;将活动弯头转向计量槽,同时按秒计时,达一定时间后,将水切换至水槽,计下计量槽水位高度(大流量时,可多测几次,取平均值)。

（4）测完数据后进行停泵操作：先关闭仪表开关，关出口阀，再停泵。

（5）记录水温。

3. 流量计校核实验装置Ⅲ

（1）检查各阀门关闭状态是否符合要求：关闭离心泵出口阀门；用手搬动联轴器检查水泵能否正常转动。

（2）启动离心泵，立刻缓缓打开出口阀，调节泵的出口阀门，使流量逐渐增至最大，按流量从大到小的顺序测取有关实验数据。在流量变化的整个范围内，可取10组～12组数据（小流量选取密一些，大流量选取疏一些），待每调节一次流量经3min～5min稳定后再读取数据；将活动弯头转向计量槽，同时按秒表计时，达一定时间后，将水切换至水槽，计下计量槽水位高度（大流量时，可多测几次，取平均值）。

（3）测完数据后进行停泵操作：先关出口调节阀，再停泵。

（4）记录水温。

五、实验报告要求

（1）列出一组数据的计算过程作为计算示例。

（2）孔板流量计和文丘里流量计的校核：

① 在双对数坐标纸上作出流量与压差的关系曲线；

② 在半对数坐标纸上作 $C_0 - Re$ 关系图；

③ 将测出的孔流系数与标准系数进行比较和分析。

（3）涡轮流量计的标定：

① 作出涡轮流量计的流量 $Q - f$ 关系图；

② 求出涡轮流量计的平均流量系数 ξ、实验装置Ⅱ在10挡和5挡下各自的流量系数 ξ。

六、思考题

（1）什么情况下的流量计需要标定？标定方法有几种？本实验是用哪一种？

（2）在所学过的流量计中，哪些属于节流式流量计？哪些属于变截面流量计？

（3）用转子流量计作为标准流量计来测量流量，有无测量误差？为什么？

七、实验数据记录及整理

（一）原始数据

（1）涡轮流量计的校核（表3－5）：

装置编号_____   流量计_____   水温_____℃

表3－5 涡轮流量计的校核

序号	频率 f/Hz	计量槽液位读数/mm			时间/s
		始	终	差	
1					
2					
⋮					

(2) 孔板流量计(或文丘里流量计)的校核(表3−6):

装置编号_____   管径 d = _____ mm   孔径 d_0 = _____ mm

流量计_____   水温_____℃

表3−6　孔板流量计(或文丘里流量计)的校核

序号	计量槽液位读数/mm			时间/s	测量流量计的压差计读数/mmHg		
	始	终	差		左	右	差
1 2 ⋮							

(二) 数据整理

数据整理如表3−7所列。

表3−7　数据整理

序号	流量 $V_S(Q)$/(L/s)	流速 u/(m/s)	Re	孔流系数 C_0 流量系数 ξ
1				
2				
⋮				

实验三　离心泵性能测定实验

一、实验目的及任务

(1) 熟悉离心泵的结构与操作和调节方法。

(2) 掌握离心泵特性曲线的测定方法,加深对离心泵性能的了解。

二、实验原理

离心泵是最常见的输送液体机械,在选用泵时,一般是根据生产要求的扬程和流量,参照泵的特性来决定的。泵的特性主要是指在一定转速下,泵的流量 Q、扬程 H、轴功率 N 和效率 η 等。而泵的性能均随其流量变化而改变。对一定类型泵的特性只能由实验测得,其关系以扬程−流量($H-Q$)、轴功率−流量($N_{轴}-Q$)、效率−流量($\eta-Q$)三条曲线表示,称为离心泵的特性曲线。下面介绍具体测定方法。

1. 扬程 H 的测定

根据离心泵的扬程测定,得如下计算式:

$$H = \Delta Z + H_{表} + H_{真} + \frac{u_2^2 - u_1^2}{2g} + H_f \tag{3-17}$$

式中　$H_{表}$——泵出口处表压(mH$_2$O);

$H_{真}$——泵入口处真空度(mH$_2$O);

ΔZ——真空表与压力表中心之间的垂直距离;

u_1、u_2——泵的进口管和出口管的液体流速（m/s）；

H_f——两测压点间的管路阻力损失（mH$_2$O），因其值在总压头中只占很小的比例，故可忽略。

2. 流量的测定

使用涡轮流量计对离心泵的流量 Q 测定，得如下计算式：

$$Q = (f/\xi) \times 10^{-3} \quad \text{m}^3/\text{s} \qquad (3-18)$$

式中　f——涡轮流量计显示仪读数（Hz）；

　　　ξ——涡轮流量计的流量系数

LW—25 型：$\xi_1 = 327.85$　$\xi_2 = 337.22$

LW—40 型：5 档　　$\xi = 78.56$

　　　　　10 挡　$\xi = 77.33$

3. 功率测定

离心泵轴功率 N 的测定方法：

1）离心泵性能测定装置 I

功率表：型号 PS – 139。

功率表测得的功率为电机的输入功率。由于泵由电动机直接带动，传动效率可视为 1，所以电机的输出功率等于泵的轴功率。即：

泵的轴功率 N = 电机的输出功率（kW）；

电机的输出功率 = 电机的输入功率 × 电机的效率；

泵的轴功率 = 功率表的读数 × 电机效率（kW）；

电机效率 = 60%。

2）离心泵性能测定装置 II

离心泵装置 II 采用马达—天平式测功器测定功率。在交流电机外壳（定子）两端加装轴承使外壳能自由转动，外壳连有测功臂和平衡锤，后者用以调正零位，外壳向反方向旋转，反向转矩大小与正向转矩相同，如果在测功臂端加上适当的砝码，则可保持外壳不转动，此时所加砝码重量乘以测功臂长度就是电机输出的转矩。

电机的输出功率为

$$N = \frac{功}{时间} = 转矩 \times \frac{旋转角度}{时间} \quad (\text{J/s}) \qquad (3-19)$$

$$转矩 \; M = m \times 9.81 \times L \quad (\text{N} \cdot \text{m})$$

$$旋转角度 / 时间 = (2\pi/60) \cdot n$$

式中　m——所加砝码的质量（kg）；

　　　L——测功臂长度（m），本装置中 $L = 0.48465$m；

　　　n——电机转速（r/min）。

所以

$$N = m \times 9.81 \times 0.48465 \times \frac{2 \times 3.1416}{60 \times 1000} \times n \quad (\text{kW}) \qquad (3-20)$$

$$N = \frac{Pn}{2000} \quad (\text{kW}) \qquad (3-21)$$

离心泵直接由电机带动,电机的输出功率等于泵的轴功率 N。

3)离心泵性能测定装置Ⅲ

采用单相功率表测定功率。

用单相功率表测量一相的电机输入功率,电机输入功率为

$$N_{电入} = 相数(3) × 仪表系数(\alpha) × 表头读数 /1000 \quad （kW）$$

该功率表的仪表系数 $\alpha = 5$;

$$电机输出功率 = 电机输入功率 × 电机效率$$

该电机的效率约为 0.85,电机的输出功率等于泵的轴功率 N。

所以

$$N = N_{电入} × 0.85 = 表头读数 × 15 × 0.85/1000 \quad （kW） \tag{3-22}$$

4. 离心泵的效率

$$\eta = \frac{HQ\rho}{102N_{轴}} \tag{3-23}$$

式中　Q——泵的流量(m^3/s);

　　　H——泵的扬程(m);

　　　ρ——液体的密度(kg/m^3);

　　$N_{轴}$——泵的轴功率(kW)。

三、实验装置及流程

1. 离心泵性能测定实验装置Ⅰ

实验装置Ⅰ(图3-8)中,离心泵(1)将实验水箱(10)内的水输送到实验系统,用流量调节阀(6)调节流量,流体经涡轮流量计(9)后,流回实验水箱。

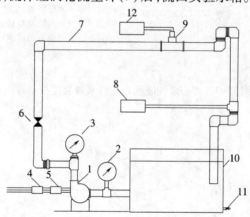

图3-8　离心泵性能测定实验装置Ⅰ流程示意图

1—离心泵;2—真空表;3—压力表;4—变频器;5—功率表;6—流量调节阀;
7—实验管路;8—温度计;9—涡轮流量计;10—实验水箱;11—放水阀;12—频率计。

设备主要参数:

(1)离心泵:流量 $Q = 4m^3/h$,扬程 $H = 8m$,轴功率 $N = 168W$。

(2)真空表测压位置管内径 $d_1 = 0.025m$。

(3)压强表测压位置管内径 $d_2 = 0.025m$。

(4)真空表与压强表测压口之间的垂直距离 $h_0 = 0.38m$。

（5）实验管路 $d = 0.040\mathrm{m}$。

（6）电机效率为60%。

2. 离心泵性能测定实验装置Ⅱ

参见流体阻力实验图3-2。

设备主要参数：

（1）离心泵型号：$1\frac{1}{2}\mathrm{BA}-6$。

（2）进口管径 = 出口管径 = 40mm（D_g40）。

（3）电机转速表：SZD-1 读数 $\times 100\mathrm{r/min}$。

3. 离心泵性能测定实验装置Ⅲ

如图3-9所示，离心泵（3）通过吸入管将循环水槽（2）中的水吸入。在泵的入口处装有真空表（6），吸入管最下端有底阀（1），在泵的压出口安有压力表（4），压出管路上装有闸阀（8）用以调节流量。流量大小用涡轮流量计（7）测定。水流经全部管路后从管道出口流回贮水槽中以循环使用。

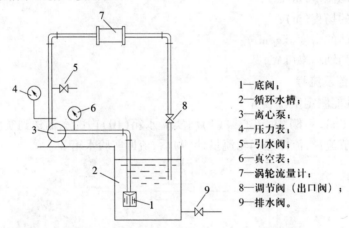

1—底阀；
2—循环水槽；
3—离心泵；
4—压力表；
5—引水阀；
6—真空表；
7—涡轮流量计；
8—调节阀（出口阀）；
9—排水阀。

图3-9 离心泵性能测定实验装置Ⅲ流程示意图

设备主要参数：

（1）离心泵型号：$1\frac{1}{2}\mathrm{BA}-6$。

（2）进口管规格：$1\frac{1}{2}''$（$d_{内}=41\mathrm{mm}$）。

（3）出口管规格：$1''$（$d_{内}=26.5\mathrm{mm}$）。

四、实验操作步骤

1. 离心泵性能测定实验装置Ⅰ

（1）向实验水箱（10）内注入蒸馏水。

（2）检查流量调节阀（6），压力表（3）及真空表（2）的开关是否关闭（应关闭）。

（3）启动实验装置总电源，用变频调速器上 $\boxed{\land}$、$\boxed{\lor}$ 及 $\boxed{<}$ 键设定频率后，按 run 键启动离心泵，缓慢打开流量调节阀（6）至全开。待系统内流体稳定，打开压力表和真空表的开关，方可测取数据。

（4）测取数据的顺序可从最大流量至 0，或反之。一般测 10 组~20 组数据。

（5）每次在稳定的条件下同时记录流量及压力表、真空表、功率表的读数及流体温度。

（6）实验结束，关闭流量调节阀，停泵，切断电源。

注意事项：

（1）该装置电路采用五线三相制配电，实验设备应良好接地。

（2）使用变频调速器时一定注意 FWD 指示灯亮；切忌按 $\boxed{\text{FWD REV}}$ 键，REV 指示灯亮时，电动机反转。

（3）启动离心泵前，关闭压力表和真空表的开关，以免损坏压强表。

2. 离心泵性能测定实验装置Ⅱ、Ⅲ

（1）打开上水阀门，水槽充水至 80%。

（2）给离心泵及吸入管路灌水。

（3）检查水泵能否正常转动，检查功率表、流量计、二次仪表是否关闭，灌水阀、排水阀、泵的出口阀是否关好。

（4）检查功率表指针是否在零位，如不在，可利用表盖上调节器调整之；对于装置Ⅱ，检查马达—天平测功器上的砝码盘是否取掉，以防止启动或停泵时甩掉砝码盘。

（5）启动离心泵，观察水泵压力表、真空表是否升起（若指针为零，应停泵检查），立即缓缓开启出口阀（装置Ⅱ，同时开启泵的进口阀），再开启各仪表开关；对于频率显示仪（装置Ⅲ），将工作选择开关置于自校，如显示数据为 2768，说明正常，将工作选择开关置于工作位置，即可进行流量测量。在 0 到最大流量范围内合理分割流量进行实验测点分布安排，取 10 个~12 个点（包括流量为零的点）。

（6）由调节阀调节流量，每次流量调节稳定后，再读取各组实验数据。

（7）测完数据后关闭各仪表开关，关闭出口阀，再停泵。

（8）测量水温。

（9）实验装置恢复原状，并清理实验场地。

五、实验报告要求

（1）将实验数据和整理结果列在数据表格中，并以其中一组数据进行计算举例。

（2）在合适的坐标系上标绘离心泵的特性曲线，并在图上标出离心泵的各种性能（泵的型号和转速、高效率区）。

（3）学习用 Excel 进行数据处理和绘制图表（选作）。

六、思考题

（1）随流量的增加，泵入口的真空度及出口压力是如何变化的？请分析原因。

（2）试用所测得的实验结果说明：离心泵为什么要在出口阀关闭的情况下启动？

（3）实验中以水为工作流体，查取相关数据，计算说明可能有"气蚀"现象发生吗？

七、实验数据记录与整理

（一）原始数据

实验日期＿＿＿＿＿＿＿＿　同组者姓名＿＿＿＿＿＿＿＿＿＿＿＿＿＿＿＿＿

指导教师＿＿＿＿＿＿＿

离心泵的型号＿＿＿＿＿＿＿＿＿　水温＿＿＿＿＿℃

1. 离心泵装置 I

离心泵装置 I 的测定见表 3－8。

表 3－8　离心泵装置 I 的测定

序号	涡轮流量计流量 /(m³/h)	入口压力 p_1/MPa	出口压力 p_2/MPa	电机功率 /kW
1				
2				
⋮				

2. 离心泵装置 II

离心泵装置 II 的测定见表 3－9。

流量系数:10 挡 ξ = _____,5 挡 ξ = _____。

表 3－9　离心泵装置 II 的测定

序号	流量频率 f /Hz	挡数	真空读数 /mmHg	压力表读数 /(kg/cm²)	转速 /(r/min)	天平荷重 /g	备注
1							
2							
⋮							
11							
12							

3. 离心泵装置 III

离心泵装置 III 的测定见表 3－10。

流量系数 ξ = _____。

表 3－10　离心泵装置 III 的测定

序号	流量频率 f/Hz	真空读数/MPa	压力表读数/MPa	功率表读数/W	备注
1					
2					
⋮					
11					
12					

（二）数据整理参考表

数据整理表见表 3－11。

表 3 – 11　数据整理

序号	流量 $Q/(L/s)$	扬程/m	轴功率 N/kW	泵效率 η	备注
1					
2					
⋮					
11					
12					

实验四　过滤实验

一、实验目的及任务

（1）熟悉板框（真空）压滤机的构造和操作方法；

（2）通过恒压过滤实验，验证过滤基本原理；

（3）学会测定过滤常数 K、q_e、θ_e 及压缩性指数 S 的方法；

（4）了解操作压力对过滤速率的影响。

二、实验原理

过滤是借助于一种能将固体物截留而让流体通过的多孔物质，将固体从液体或气体中分离出来的操作过程。过滤分为恒压过滤和恒速过滤两种。在过滤过程中，由于固体颗粒不断被截留在介质表面上，滤饼的厚度随着过滤过程的进行不断增加，如滤饼两侧的压力差一定，而流体流过固体颗粒之间的孔道加长，则使流体阻力增大，其过滤速率逐渐下降。保持压力差不变的操作称为恒压过滤。如果要保持过滤速率不变，就必须不断增加滤饼两侧的压力差，保持过滤速率不变的操作，称为恒速过滤。

根据恒压过滤方程：

$$(q + q_e)^2 = K(\theta + \theta_e) \tag{3 – 24}$$

式中　q ——单位过滤面积获得的滤液体积（m^3/m^2）；

　　　q_e ——单位过滤面积的虚拟滤液体积（m^3/m^2）；

　　　θ ——实际过滤时间（s）；

　　　θ_e ——虚拟过滤时间（s）；

　　　K ——过滤常数（$m^3/(m^2 \cdot s)$）。

将式（3 – 24）微分得

$$\frac{d\theta}{dq} = \frac{1}{K}q + \frac{2}{K}q_e \tag{3 – 25}$$

此为直线方程，在普通坐标系上标绘的 $\frac{d\theta}{dq} - \bar{q}$ 关系，可得直线。其斜率为 $2/K$，截距为 $\frac{2}{K}q_e$，从而求出 K、q_e。

θ_e 可由下式求出，即

$$q_e^2 = K\theta_e \tag{3 – 26}$$

当各数据点的时间间隔不大时，$d\theta/dq$ 可用增量之比 $\Delta\theta/\Delta q$ 来代替。

在实验中,当计量瓶中的滤液达到 100ml 刻度时开始按表计时,作为恒压过滤时间的零点。但是,在此之前过滤已开始,即计时之前系统内已有滤液存在,这部分滤液量可视为常量以 q 表示,这些滤液对应的滤饼视为过滤介质以外的另一层过滤介质,在整理数据时应考虑进去,则方程改写为

$$\frac{\Delta\theta}{\Delta q} = \frac{2}{K} + \frac{2}{K}(q_e + q') \tag{3-27}$$

$$q' = \frac{V'}{A}$$

过滤常数的定义式:

$$K = 2k\Delta p^{1-s} \tag{3-28}$$

两边取对数得

$$\lg K = (1-s)\lg\Delta p + \lg(2k) \tag{3-29}$$

式中

$$k = \frac{1}{\mu r' \nu}$$

因 k 为常数,故 K 与 Δp 的关系在对数坐标纸上标绘时应是一条直线,由直线的斜率 $(1-s)$ 可求出滤饼的压缩性指数 s,由直线的截距可求出物料特性常数 k。

三、实验装置及流程

1. 真空过滤实验装置 I

如图 3-10 所示,滤浆槽内配有一定浓度的碳酸钙悬浮液,用电动搅拌器进行均匀搅拌(浆液不出现旋涡为好)。启动真空泵,使系统内形成真空达指定值。滤液在计量瓶内计量,过滤器结构图如图 3-11 所示。搅拌实验:用电机调速器改变电机速度,用测速器测量转速。

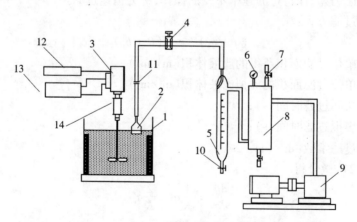

图 3-10 真空过滤实验装置 I 流程示意图

1—滤浆槽;2—过滤漏斗;3—搅拌电机;4—真空旋塞;5—积液瓶;6—真空压力表;7—针形放空阀;8—缓冲罐;9—真空泵;10—放液阀;11—真空胶皮管;12—扭矩传感器;13—调速器;14—轴承。

操作注意事项:

(1) 检查一下真空泵油是否在视镜液面以上。

(2) 过滤漏斗如图 3-10 安装,在滤浆中潜没一定深度,让过滤介质平行于液面,以

防止空气被抽入造成滤饼厚度不均匀。

（3）用放空阀（7）调节。控制系统内的真空度恒定，以保证恒压状态下操作。

（4）电动搅拌器为无级调速，使用方法：

① 系统接上电源，打开调速器（13）开关，将调速钮从"小"至"大"启动，不允许高速挡启动，转速状态下出现异常时或实验完毕后将调速钮恢复至最小位。

② 为安全，实验设备应接地。

③ 启动电动搅拌器前，用手旋转一下搅拌轴以保证搅拌电机顺利启动。

2. 板框过滤实验装置 Ⅱ

如图 3-12 所示，滤浆槽内配有一定浓度的轻质碳酸钙悬浮液（浓度在 2% ~ 4% 左右），用电动搅拌器进行均匀搅拌（浆液不出现旋涡为好）。启动旋涡泵，调节阀门（3）使压力表（5）指示在规定值。滤液在计量桶内计量。

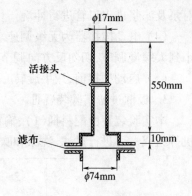

图 3-11　过滤器结构图

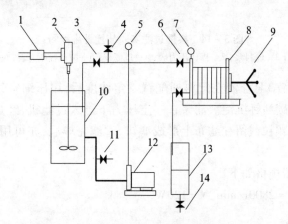

图 3-12　板框过滤实验装置Ⅱ流程示意图

1—调速器；2—电动搅拌器；3、4、6、11、14—阀门；5、7—压力表；8—板框过滤机；

9—压紧装置；10—滤浆槽；12—旋涡泵；13—计量桶。

1）设备主要参数

过滤板：规格为 160mm × 180mm × 11mm。

滤布：过滤面积 0.0475m²。

计量桶：长 287mm，宽 327mm。

过滤、洗涤管路如图 3-13 所示。

2）操作注意事项

（1）过滤板与框之间的密封垫应注意放正，过滤板与框的滤液进出口对齐。用摇柄把过滤设备压紧，以免漏液。

（2）计量桶的流液管口应贴桶壁，否则液面波动影响读数。

（3）实验结束时关闭阀门 3。用阀门 11、4 接通自来水

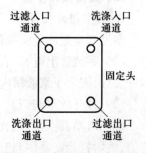

图 3-13　板框过滤机固定
头管路分布图

对泵及滤浆进出口管进行冲洗。切忌将自来水灌入储料槽中。

（4）电动搅拌器为无级调速。使用时首先接上电源，打开调速器开关，调速钮一定由小到大缓慢调节，切勿反方向调节或调节过快损坏电机。

（5）启动搅拌前，用手旋转一下搅拌轴以保证顺利启动搅拌器。

3. 板框过滤实验装置Ⅲ

本实验装置由配料桶(1)、输料泵(2)、卧式圆形过滤机(4)、滤液计量筒及空气压缩机等组成。可进行过滤、洗涤和吹干三项操作，过滤实验装置如图 3-14 所示。

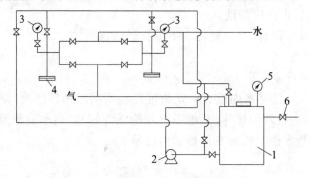

图 3-14　板框过滤实验装置Ⅲ流程图

1—配料桶；2—输料泵；3—操作压力表；4—过滤器；5—配料桶压力表；6—控压阀。

碳酸钙（或碳酸镁）悬浮液在配料桶配置一定浓度后，用压缩空气搅拌，料液由输料泵管路循环，以防止碳酸钙沉淀。滤浆在一定压力下进入过滤机，经过滤机过滤后，滤液流入计量筒，碳酸钙颗粒截留在滤布上形成滤饼，过滤完毕后，亦可用水洗涤和压缩空气吹干滤饼。

所用设备及仪器规格如下：

供料泵　　　　$n = 2800r/min, N = 120W$

空气压缩机

压力表　　　　精度 0.4 级　　　　量程 0MPa ~ 0.16MPa

　　　　　　　精度 1.5 级　　　　量程 0MPa ~ 0.4MPa

滤浆桶　　　　直径 D 内 =418mm

过滤机　　　　直径 D 内 =130mm

四、实验操作步骤

1. 真空过滤装置Ⅰ

参见真空过滤实验装置Ⅰ流程示意图 3-10。

（1）系统接上电源，启动电动搅拌器，待槽内浆液搅拌均匀，将过滤漏斗按流程图所示安装好，固定于浆液槽内。

（2）打开放空阀(7)，关闭旋塞(4)及放液阀(10)。

（3）启动真空泵，用放空阀(7)及时调节系统内的真空度，使真空表的读数稍大于指定值，然后打开旋塞(4)进行抽滤。此后应注意观察真空表的读数应恒定于指定值。当计量瓶滤液达到 100mL 刻度时按表计时，作为恒压过滤时间的零点。记录滤液每增加 100mL 所用的时间。当计量瓶读数为 800mL 时停止计时，并立即关闭真空旋塞(4)。

（4）把放空阀（7）全开，关闭真空泵，打开旋塞（4），利用系统内的大气压和液位高度差把吸附在过滤介质上的滤饼压回槽内，放出计量瓶内的滤液并倒回槽内，以保证滤浆浓度恒定。卸下过滤漏斗洗净待用。

（5）改变真空度重复上述实验。

（6）搅拌实验，改变电机的转速，用测速器测量转速。

2. 板框过滤装置Ⅱ

参见板框过滤实验装置Ⅱ流程示意图3－12。

（1）系统接上电源，打开搅拌器电源开关，启动电动搅拌器（2）。将滤浆槽（10）内浆液搅拌均匀。

（2）板框过滤机板、框排列顺序为：固定头—非洗涤板—框—洗涤板—框—非洗涤板—可动头。用压紧装置压紧后待用。

（3）使阀门（3）处于全开、阀门（4）、（6）、（11）处于全关状态。启动旋涡泵（12），开启阀门（11），调节阀门（3）使压力表（5）达到规定值。

（4）待压力表（5）稳定后，打开过滤入口阀（6）开始过滤。当计量桶（13）内见到第一滴液体时按表计时。记录滤液每增加高度10mm时所用的时间。当计量桶（13）读数约为160mm时停止计时，并立即关闭入口阀（6）。

（5）打开阀门（3）使压力表（5）指示值下降。开启压紧装置卸下过滤框内的滤饼并放回滤浆槽内，将滤布清洗干净。放出计量桶内的滤液并倒回槽内，以保证滤浆浓度恒定。

（6）改变压力，从第二步开始重复上述实验。

（7）每组实验结束后应用洗水管路对滤饼进行洗涤，测定洗涤时间和洗水量。

（8）实验结束时，阀门（11）接上自来水，阀门（4）接通下水，关闭阀门（3）对泵及滤浆进出口管进行冲洗。

3. 板框过滤装置Ⅲ

参见板框过滤实验装置Ⅲ（图3－14）。

（1）检查阀门，使所有阀门都关闭（除料浆循环阀外），检查压力表（是否指零）；

（2）用碳酸钙粉末配成滤浆，其量约占料桶的 $1/2 \sim 2/3$，比重约在1.058左右，用供料泵使其循环均匀，以防止碳酸钙沉淀；

（3）滤浆桶中通入压缩空气进行搅拌，并作为过滤时的实验操作压力（一般压力调到 5×10^4 Pa 左右）；

（4）将滤布浸湿，再组装过滤器；

（5）调节过滤压力并维持恒定，具体办法为：

① 关闭空压机出口阀，至压力升到控制压力 0.5MPa（空压机控制压力）附近时缓慢开启该阀；

② 当管路中压力达到恒定操作压力时，停止空压机出口阀调节并使管路压力恒定（0.05MPa）；

（6）压力恒定后，开始过滤，待滤液流出时，用两只秒表交替地测量流出一定体积滤液所需时间（一般是清液每增加1cm，记录一次时间），实验过程中要使压力稳定在 5×10^4 Pa左右；

（7）当滤液量很少，滤渣已充满滤框后，过滤阶段可结束；

（8）若需洗涤或要求洗涤速率和过滤最终速率的关系,可通入洗涤水,并记下洗涤水量和时间;

（9）若需吹干滤饼,则通入压缩空气;

（10）实验结束后,停止空压机,关闭循环泵,开启微调器,降压至零;

（11）拆开过滤器,取出滤饼,再将滤布冲洗干净;

（12）过滤结束后,应关闭料桶上的出料阀,打开旁路上清水管路清洗供料管、循环泵、过滤机,以防止碳酸钙在管内沉结。

五、实验报告要求

（1）以 $\dfrac{\Delta\theta}{\Delta q}$ – $\bar{q}$ 作图,求出过滤常数 K、q_e、θ_e。也可利用 Excel 绘制实验结果,求出过滤常数;

（2）写出完整的过滤方程式;

（3）计算滤饼的压缩性指数 s 和物料特性常数 k;

（4）求出洗涤速率并和最终过滤速率比较(选作)。

六、思考题

（1）过滤刚开始时,为什么滤液经常是浑浊的?

（2）在恒压过滤时,要提高过滤速率,可采取哪些措施?

（3）如果操作压强增加一倍,其 K 值是否也增加一倍? 要得到同样的过滤量,其过滤时间是否缩短一半?

七、实验数据记录与整理

1. 原始数据记录

原始数据记录见表 3 – 12。

（1）过滤实验装置Ⅰ、Ⅱ

实验日期＿＿＿＿＿＿＿＿　同组者＿＿＿＿＿＿＿＿＿＿＿＿＿＿　指导教师＿＿＿＿＿＿

表 3 – 12　原始数据记录表

滤液量 ＼ 过滤压强 Δp					
序号	液位刻度/mL	滤液量/mL	过滤时间 θ/s	过滤时间 θ/s	过滤时间 θ/s
1					
2					
⋮					
7					
12					

（2）板框过滤装置Ⅲ

实验日期＿＿＿＿＿＿＿＿　同组者＿＿＿＿＿＿＿＿＿＿＿＿＿＿　指导教师＿＿＿＿＿＿

空压机表压＿＿＿＿＿＿＿　配料桶表压＿＿＿＿＿＿＿　过滤机号＿＿＿＿＿＿＿

过滤器直径＿＿＿＿＿＿＿

数据记录表同表 3 – 12。

2. 数据处理

数据处理见表 3 – 13、表 3 – 14。

操作压强_____

表 3 – 13　实验数据处理表一

序号	滤液 V/mL	$q/(\mathrm{m^3/m^2})$	$\Delta q/(\mathrm{m^3/m^2})$	θ/s	$\Delta\theta/\mathrm{s}$	$\dfrac{\Delta\theta}{\Delta q}/(\mathrm{s/m})$	$\bar{q}/(\mathrm{m^3/m^2})$
1							
2							
⋮							
12							

表 3 – 14　实验数据处理表二

序号	斜率	截距	压差	K	q_e	θ_e

物料常数 $k=$ 　　　　；压缩性指数 $s=$

实验五　传热实验

· 总传热系数测定实验

一、实验目的及任务

(1) 了解换热器的结构,学会换热器的操作方法;

(2) 掌握换热器传热系数的测定方法。

二、实验原理

在工业生产中换热器是一种经常使用的换热设备,它们是由许多个传热元件(如列管式换热器的管束)组成,冷热流体借助于换热器中的传热元件进行热量交换而达到加热或冷却任务。由于传热元件的结构形式繁多,由此构成的各种换热器的性能差异颇大,为了合理选用或设计换热器,对它们的性能应该有充分的了解,除了文献资料外,实验测定换热器的性能是重要途径之一。

列管换热器是一种间壁式的传热装置,冷热流体间的传热过程,由热流体对壁面的对流传热,间壁的固体热传导和壁面对冷流体的对流传热三种传热过程组成。如图 3 – 15 所示,以冷流体侧传热面积为基准的过程的传热系数与三个子过程的关系为

$$K = \cfrac{1}{\cfrac{1}{a_\mathrm{c}} + \cfrac{bA_\mathrm{c}}{\lambda A_\mathrm{m}} + \cfrac{A_\mathrm{c}}{a_\mathrm{h} A_\mathrm{h}}}$$

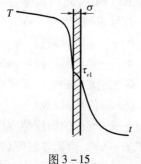

图 3 – 15

77

对已知物系和确定的换热器,上式可表示为

$$K = f(G_h, G_c)$$

由此可见,通过分别考察冷热流体流量对传热系数的影响,从而可达到了解某个对流传热过程的性能。若要了解对流传热过程的定量关系,可由非线性数据处理而得,这种研究方法是过程分解与综合实验研究方法的实例。

换热器是一种节能设备,它既能回收热能,又需消耗机械能,因此,度量一个换热器性能好坏的标准是换热器的传热系数 K 和流体通过换热器的阻力损失 ΔP,前者反映了回收热量的能力,后者是消耗机械能的标志。传热系数 K 可由传热速率方程和热量衡算式求取。

1. 传热系数 K

对于无相变的换热系统,由热量衡算可知:

$$Q_h = Q_c + Q_{损} \tag{3-30}$$

$$Q_h = G_h C_{ph}(T_{进} - T_{出}) \tag{3-31}$$

$$Q_c = G_c C_{pc}(t_{出} - t_{进}) \tag{3-32}$$

若实验装置保温良好,$Q_{损}$ 可忽略不计,则

$$Q_h = Q_c = Q \tag{3-33}$$

若实验过程中存在随机误差,一般情况下式(3-33)并不成立,换热器的传热量为

$$Q = (Q_h + Q_c)/2 \tag{3-34}$$

由传热速率方程式知:

$$Q = KA_c\Delta t_m \tag{3-35}$$

式中:$\Delta t_m = \varepsilon_{\Delta t}\Delta t_{m逆}$

$$\Delta t_{m逆} = \frac{(T_{进} - t_{出}) - (T_{出} - t_{进})}{\ln\dfrac{T_{进} - t_{出}}{T_{出} - t_{进}}} \tag{3-36}$$

对于该换热器,传热平均温度差校正系数 $\varepsilon_{\Delta t}$ 可按下式计算,也可通过查 $\varepsilon_{\Delta t} - R - P$ 图得到(参阅化工原理教材)。

$$\varepsilon_{\Delta t} = \frac{R'\ln\left(\dfrac{1-P}{1-R\cdot P}\right)}{(R-1)\cdot\ln\left[\dfrac{2-P(R+1-R')}{2-P(R+1+R')}\right]} \tag{3-37}$$

式中:$R' = \sqrt{R^2+1}$;$R = \dfrac{T_{进} - T_{出}}{t_{出} - t_{进}}$;$P = \dfrac{t_{出} - t_{进}}{T_{进} - t_{进}}$。

通过测定冷、热流体的流量及其进、出口温度,便可以求取总传热系数 K。

符号说明:

K——总传热系数[W/(m^2·K)];

A——换热器的传热面积(m^2);

G——流体的质量流量(kg/s);

Q——传热量(W);

C_p——流体的恒压热容(J/kg);

T、t——热、冷流体温度(K);

Δt_m——对数传热平均温度差(K);

$\varepsilon_{\Delta t}$——传热平均温度差修正系数,全逆流时 $\varepsilon_{\Delta t}=1$,对于单壳程、双管程或二管程以上的 $\varepsilon_{\Delta t}$,也可从文献中查得;

λ——固体壁的导热系数[W/(m·K)];

b——固体壁的厚度(m)。

下标:

h——热流体;

c——冷流体;

m——平均值。

2. 换热器的操作和调整

换热器的热负荷发生变化时,需通过换热器的操作以完成任务,由传热效率方程式知,影响传热的参数有传热面积、传热系数和过程的平均温度差三要素,由热量衡算方程式知,由于换热器的热(或冷)流体的进出口温度不能随意改变,在操作时的调节手段只能改变冷(或热)流体的流量和进口温度。

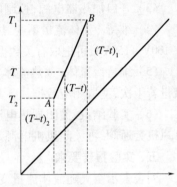

热(或冷)流体的进出口温度由生产工艺决定,传热负荷的变化是由热(或冷)流体变化所致,由图3-16可知,若冷(或热)流体流速的变化率相同,则仅能维持平均温差相同,不能满足热负荷变化的要求,若传热阻力受冷(热)流体控制,采用较大的冷(热)流体的变化率,使传热系数和平均温差同时变化,以达到热负荷变化的目的,按照上述的操作原则进行调整,能较方便地满足生产工艺的要求。

图 3 - 16

三、实验装置及流程

1. 流程(如图 3 - 17 所示)

本实验物系为水(冷流体)—空气(热流体),传热设备为列管式换热器(11)。水由水源来,经转子流量计(9)测量流量、温度计(7)测量进口温度后,进入换热器壳程,换热后在出口测量其出口温度;空气自风源来,经转子流量计(3)测量流量后,进入加热器(4)加热到

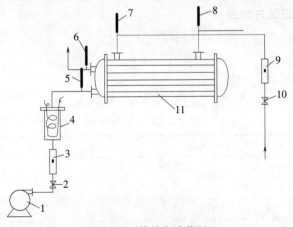

图 3 - 17 传热实验装置

1—风机;2、10—调节阀;3、9—转子流量计;4—加热器;5、6、7、8—温度计;11—列管式换热器。

90℃～100℃,流入换热器的管程,并在其进、出口处测量相应温度。

2. 设备参数

1)测试元件

列管式换热器:型号　GLC－0.4;

单壳程双管程＝壳程采用圆缺型挡板,传热管为低肋铜管;

管径:$\Phi 10 \times 1mm$;有效管长:290mm;管子根数 14 根。

2)测量仪器

温度计:玻璃温度计,量程:0—100℃,分度:1/5℃;

流量计:转子流量计,型号:LZB,精度:1.5 级;

范围:气体:$2.5m^3/h \sim 25m^3/h$,液体:$0 \sim 100m^3/h$。

四、实验操作步骤

(1)打开进水阀,并调节流量维持在一定数值;

(2)打开空气进口阀,开启风源,并调节空气流适当量;

(3)开启加热器电源,控制电压在 100V～150V,以加热空气到 90℃～100℃;

(4)维持冷流体流量不变,热空气进口温度在一定时间内(约 10min)基本不变时(电压在 100V～150V),可记取有关数据,每个实验点读 3 次～4 次数据,测量间隔约 3min～5min;

(5)维持冷流体(或热流体)流量恒定,根据实验布点要求,改变热流体(或冷流体)流量若干次,测取相应数据;

(6)实验结束,关闭加热电源,待热空气温度降至 50℃以下,关闭冷流体调节阀,打开风机旁通阀,再关闭风机电源。

五、实验报告要求

列表表示空气随流体流量变化后,传热量 Q、传热平均推动力 Δt_m 及总传热系数 K 的变化情况,并对其结果进行讨论。

六、思考题

(1)影响总传热系数 K 的因素有哪些?

(2)在本实验中,如果恒定空气流量,而改变水流量,会有什么结果?

七、实验数据记录与整理

实验日期_____　同组者_____　指导教师_____

1. 原始数据

原始数据记录见表 3 – 15。

装置编号_____;室温_____℃;气源风压_____Pa。

表 3 – 15　原 始 数 据

序号	热流体			冷流体		
	流量/(m^3/h)	温度/℃		流量/(L/h)	温度/℃	
		$T_{进}$	$T_{出}$		$t_{进}$	$t_{出}$
1						
2						
⋮						

2. 数据处理

数据处理见表 3 - 16。

表 3 - 16 数据处理

序号	Q_c/W	Q_h/W	Q/W	R	p	$\varepsilon_{\Delta t}$	$\Delta t_{m逆}/℃$	$\Delta t_m/℃$	$K/(W/m^2 \cdot K)$	$K_{均}/(W/m^2 \cdot K)$
1										
2										
⋮										

· 传热综合实验

一、实验目的

(1) 通过对空气—水蒸气简单套管换热器的实验研究,掌握对流传热系数 α_i 的测定方法,加深对其概念和影响因素的理解。并应用线性回归分析方法,确定关联式 $Nu = ARe^m Pr^{0.4}$ 中常数 A、m 的值。

(2) 通过对管程内部插有螺旋线圈的空气—水蒸气强化套管换热器的实验研究,测定其准数关联式 $Nu = BRe^m$ 中常数 B、m 的值和强化比 Nu/Nu_0,了解强化传热的基本理论和基本方式。

(3) 求取简单套管换热器、强化套管换热器的总传热系数 K_0。

(4) 了解套管换热器的管内压降 Δp 和 Nu 之间的关系。

(5) 了解热电偶温度计的使用方法。

二、实验内容与要求

(1) 测定 5 个~6 个不同空气流速下简单套管换热器的对流传热系数 α_i。

(2) 对 α_i 的实验数据进行线性回归,求关联式 $Nu = ARe^m Pr^{0.4}$ 中常数 A、m 的值。

(3) 测定 5 个~6 个不同空气流速下强化套管换热器的对流传热系数 α_i。

(4) 对 α_i 的实验数据进行线性回归,求关联式 $Nu = BRe^m$ 中常数 B、m 的值。

(5) 同一流量下,按实验所得准数关联式 $Nu = ARe^m Pr^{0.4}$ 求得 Nu_0,计算传热强化比 Nu/Nu_0。

(6) 在同一流量下,分别求取简单套管换热器、强化套管换热器的总传热系数 K_0。

(7) 测定 5 个~6 个不同流速下简单、强化套管换热器的管内压降 Δp_1、Δp_2。并在同一坐标系下绘制普通管 Δp_1—Nu 与强化管 Δp_2—Nu 的关系曲线。比较实验结果。

三、实验原理

1. 对流传热系数 α_i 的测定

对流传热系数 α_i 可以根据牛顿冷却定律,用实验来测定。因为 $\alpha_i \ll \alpha_o$,所以传热管内的对流传热系数 $\alpha_i \approx$ 热冷流体间的总传热系数 $K = Q_i/(\Delta t_m \times S_i)(W/(m^2 \cdot ℃))$,即

$$\alpha_i \approx \frac{Q_i}{\Delta t_m \times S_i} \tag{3 - 38}$$

式中　α_i——管内流体对流传热系数($W/(m^2 \cdot ℃)$);

Q_i——管内传热速率(W);

S_i——管内换热面积(m^2);

Δt_{mi}——对数平均温差(℃)。

对数平均温差由下式确定：

$$\Delta t_{mi} = \frac{(t_w - t_{i1}) - (t_w - t_{i2})}{\ln \dfrac{(t_w - t_{i1})}{(t_w - t_{i2})}} \qquad (3-39)$$

式中　t_{i1}, t_{i2}——冷流体的入口、出口温度(℃);

t_w——壁面平均温度(℃);

因为换热器内管为紫铜管,其导热系数很大,且管壁很薄,故认为内壁温度、外壁温度和壁面平均温度近似相等,用 t_w 来表示,由于管外使用蒸汽,近似等于热流体的平均温度。

管内换热面积为

$$S_i = \pi d_i L_i \qquad (3-40)$$

式中　d_i——传热管内径(m);

L_i——传热管测量段的实际长度(m)。

由热量衡算式：

$$Q_i = W_i c_{pi}(t_{i2} - t_{i1}) \qquad (3-41)$$

其中质量流量由下式求得：

$$W_i = \frac{V_i \rho_i}{3600} \qquad (3-42)$$

式中　V_i——冷流体在套管内的平均体积流量(m^3/h);

c_{pi}——冷流体的定压比热[$kJ/(kg \cdot ℃)$];

ρ_i——冷流体的密度(kg/m^3)。

c_{pi} 和 ρ_i 可根据定性温度 t_m 查得, $t_m = \dfrac{t_{i1} + t_{i2}}{2}$ 为冷流体进出口平均温度。t_{i1}, t_{i2}, t_w, V_i 可采取一定的测量手段得到。

2. 对流传热系数准数关联式的实验确定

流体在管内作强制湍流时,处于被加热状态,准数关联式的形式为

$$Nu_i = A Re_i^m Pr_i^n \qquad (3-43)$$

式中

$$Nu_i = \frac{\alpha_i d_i}{\lambda_i}; \quad Re_i = \frac{u_i d_i \rho_i}{\mu_i}; \quad Pr_i = \frac{c_{pi} \mu_i}{\lambda_i}$$

物性数据 λ_i、c_{pi}、ρ_i、μ_i 可根据定性温度 t_m 查得。经过计算可知,对于管内被加热的空气,普兰特准数 Pr_i 变化不大,可以认为是常数,则关联式的形式简化为

$$Nu_i = A Re_i^m Pr_i^{0.4} \qquad (3-44)$$

这样通过实验确定不同流量下的 Re_i 与 Nu_i,然后用线性回归方法确定 A 和 m 的值。

3. 强化比的测定

强化传热又被学术界称为第二代传热技术,它能减小初设计的传热面积,以减小换热器的体积和重量;提高现有换热器的换热能力;使换热器能在较低温差下工作;并且能够

82

减少换热器的阻力以减少换热器的动力消耗,更有效地利用能源和资金。

强化传热的方法有多种,本实验装置是采用在换热器内管插入螺旋线圈的方法来强化传热的。

螺旋线圈强化管内部结构如图 3 – 18 所示,螺旋线圈由直径 3mm 以下的铜丝和钢丝按一定节距绕成。将金属螺旋线圈插入并固定在管内,即可构成一种强化传热管。在近壁区域,流体一面由于螺旋线圈的作用而发生旋转,一面还周期性地受到线圈的螺旋金属丝的扰动,因而可以使传热强化。由于绕制线圈的金属丝直径很细,流体旋流强度也较弱,所以阻力较小,有利于节省能源。螺旋线圈是以线圈节距 H 与管内径 d 的比值以及管壁粗糙度($2d/h$)为主要技术参数,且长径比是影响传热效果和阻力系数的重要因素。科学家通过实验研究总结了形式为 $Nu = BRe^m$ 的经验公式,其中 B 和 m 的值因螺旋丝尺寸不同而不同。在本实验中,测定不同流量下的 Re_i 与 Nu_i ,用线性回归方法可确定 B 和 m 的值。

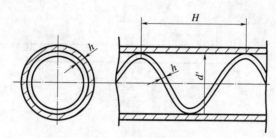

图 3 – 18   螺旋线圈强化管内部结构

单纯研究强化手段的强化效果(不考虑阻力的影响),可以用强化比的概念作为评判准则,它的形式是: Nu/Nu_0 ,其中 Nu 是强化管的努塞尔准数,Nu_0 是普通管的努塞尔准数,显然,强化比 $Nu/Nu_0 > 1$,而且它的值越大,强化效果越好。需要说明的是,如果评判强化方式的真正效果和经济效益,则必须考虑阻力因素,阻力系数随着换热系数的增加而增加,从而导致换热性能的降低和能耗的增加,只有强化比较高,且阻力系数较小的强化方式,才是最佳的强化方法。

4. 换热器总传热系数 K_0 的确定。

实验中若忽略换热器的热损失,在传热过程中,空气升温获得的热量与对流传递的热量及换热器的总传热量均相等,则

$$Q_i = W_i c_{pi}(t_{i2} - t_{i1}) = K_0 S_0 \Delta t_m \qquad (3 – 45)$$

即以外表面为基准的总传热系数 K_0 为

$$K_0 = \frac{Q_i}{S_0 \Delta t_m} \qquad (3 – 46)$$

式中传热量 Q 已由式 3 – 41 得到,换热面积以管外径为基准,即 $S_0 = \pi d_0 L_i$,传热间壁两侧对数平均温度差

$$\Delta t_m = \frac{(T_s - t_{i1}) - (T_s - t_{i2})}{\ln \frac{(T_s - t_{i1})}{(T_s - t_{i2})}} \qquad (3 – 47)$$

式中 T_s——蒸汽温度(℃)。

在同一流量下分别求取简单套管换热器、强化套管换热器的总传热系数 K_0，并比较两种套管换热器的总传热系数 K_0 值的大小。

四、实验装置及流程

1. 实验装置

实验流程如图 3 – 19 所示，实验装置的主体是两根平行的套管换热器，内管为紫铜材质，外管为不锈钢管，两端用不锈钢法兰固定。实验的蒸汽发生釜为电加热釜，内有 2 根 2.5kW 螺旋形电加热器，用 200V 电压加热（可由固态调压器调节）。气源选择 XGB – 2 型旋涡气泵，使用旁路调节阀调节流量。蒸汽空气上升管路，使用三通和球阀分别控制气体进入两个套管换热器。

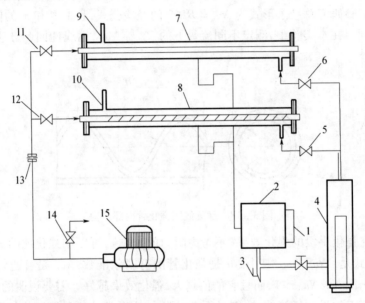

图 3 – 19　空气 – 水蒸气传热综合实验装置流程图

1—液位计；2—储水罐；3—排水阀；4—蒸汽发生器；5—强化套管蒸汽进口阀；6—光滑套管蒸汽进口阀；
7—光滑套管换热器；8—内插有螺旋线圈的强化套管换热器；9—光滑套管蒸汽出口；10—强化套管蒸汽出口；
11—光滑套管空气进口阀；12—强化套管空气进口阀；13—孔板流量计；14—空气旁路调节阀；15—旋涡气泵。

2. 实验设备主要技术参数见表 3 – 17 所列。

表 3 – 17　实验装置结构参数

实验内管内径 d_i（mm）		20.00
实验内管外径 d_o（mm）		22.0
实验外管内径 D_i（mm）		50
实验外管外径 D_o（mm）		57.0
测量段（紫铜内管）长度 L（m）		1.20
强化内管内插物（螺旋线圈）尺寸	丝径 h（mm）	1
	节距 H（mm）	40
加热釜	操作电压	≤200V
	操作电流	≤10A

（1）空气流量的测量：$V_{t1} = c_0 \times A_0 \times \sqrt{\dfrac{2 \times \Delta P}{\rho_{t1}}}$ （3-48）

式中，c_0 为孔板流量计孔流系数，$c_0 = 0.65$；A_0 为孔的面积 m^2；d_0 为孔板孔径，$d_0 = 0.014$ m；ΔP 为孔板两端压差，kPa；ρ_{t1} 为空气入口温度（即流量计处温度）下密度，kg/m^3。

由于换热器内温度的变化，传热管内的体积流量需进行校正：

$$V_m = V_{t1} \times \dfrac{273 + t_m}{273 + t_1}$$ （3-49）

V_m 为传热管内平均体积流量，m^3/h；t_m 为传热管内平均温度，℃。

2）温度的测量

空气进出口温度采用电偶电阻温度计测得，由多路巡检表以数值形式显示（1—光滑管空气进口温度；2—光滑管空气出口温度；3—强化管空气进口温度；4—强化管空气出口温度；）。壁温采用热电偶温度计测量，光滑管的壁温由显示表的上排数据读出，强化管的壁温由显示表的下排数据读出。

3）电加热釜

蒸汽发生器的使用体积为 5 升，内装有一支 2.5kW 的螺旋电热器，与一储水釜相连（实验过程中要保持储水釜中液位不要低于釜的二分之一，防止加热器干烧），刚开始实验时用低电压（150 伏左右），加热 10 分钟后可以相应的加高电压（150 伏—180 伏），约 15 分钟后水便沸腾，为了安全和长久使用，建议最高加热（使用）电压不超过 200 伏（由仪表调节电压）。

4）气源（鼓风机）

又称旋涡气泵，XGB—2 型，由无锡市仪表二厂生产，电机功率约 0.75kW（使用三相电源），在本实验装置上，产生的最大和最小空气流量基本满足要求，使用过程中，输出空气的温度呈上升趋势。

五、实验操作步骤

1. 实验前的准备，检查工作

（1）向储水罐中加水至液位计上端处。

（2）检查空气流量旁路调节阀是否全开。

（3）检查蒸气管支路各控制阀是否已打开，保证蒸汽和空气管线的畅通。

（4）接通电源总闸，设定加热电压，启动电加热器开关，开始加热。

2. 实验开始

（1）关闭通向强化套管的阀门（5），打开通向光滑套管的阀门（6），当光滑套管换热器的放空口（9）有水蒸气冒出时，可启动风机，此时要关闭阀门（12），打开阀门（11）。在整个实验过程中始终保持换热器出口处有水蒸气冒出。

（2）启动风机后用放空阀（14）来调节流量，调好某一流量后稳定 3-5 分钟后，分别测量空气的流量，空气进、出口的温度及壁面温度。然后，改变流量测量下组数据。一般从小流量到最大流量之间，要测量 5~6 组数据。

（3）做完光滑套管换热器的数据后，要进行强化管换热器实验。先打开蒸汽支路阀（5），全部打开空气旁路阀（14），关闭蒸汽支路阀（6），打开空气支路阀（12），关闭空气支路阀（11），进行强化管传热实验。实验方法同步骤（2）。

3. 实验结束后，依次关闭加热电源、风机和总电源。一切复原

六、实验报告要求

（1）原始数据表、数据结果表（换热量、对流传热系数、总传热系数、各准数以及重要的中间计算结果）、准数关联式的回归过程、结果与具体的回归方差分析，并以其中一组数据的计算举例。

（2）在同一双对数坐标系中绘制光滑管和强化管的 $Nu-Re$ 的关系图，并计算强化比。

（3）在同一坐标系中绘制光滑管和强化管的 $\Delta p-Nu$ 的关系图。

（4）对实验结果进行分析与讨论。

七、思考题

（1）观察实验设备中的两级套管换热器有何不同？哪套对流传热系数或总传热系数大？为什么？（注意要在空气流量相同的前提下比较）

（2）传热管内壁温度、外壁温度和壁面平均温度认为近似相等，为什么？

（3）若想求出准数关联式 $Nu_i = ARe_i^m Pr_i^{0.4}$ 中的 A 和 m 值，应如何设计实验？

实验六　精馏实验

一、实验目的及任务

（1）了解筛板塔精馏塔和附属设备的基本结构。

（2）熟悉精馏塔的操作方法。

（3）掌握精馏塔效率的测定方法。

（4）观察塔板上汽—液接触状态。

（5）学习阿贝折光仪的操作方法。

二、实验原理

1. 全塔效率

板式塔是使用量大、运用范围广的重要气（汽）液传质设备，评价塔板好坏一般根据处理量、板效率、阻力降、操作弹性和结构等因素。在板式精馏塔中，混合液的蒸汽逐板上升，回流液逐板下降，汽液两相在塔板上层层接触，实现传质、传热过程，从而达到分离目的。如果在某层塔板上，上升的蒸汽与下降的液体处于平衡状态，则该塔板称为理论板。然而在实际操作中，由于塔板上的汽、液两相接触时间有限及板间返混等因素影响，使汽、液两相尚未达到平衡即离开塔板，一块实际塔板的分离效果达不到一块理论板的作用，因此精馏塔所需的实际板数比理论板数多，若实际板数为 N_P，理论板数为 N_T，则全塔效率 E_T 为

$$E_T = (N_T/N_P) \times 100\%$$

板式塔内各层塔板的传质效果并相同，总板效率只是反映了整个塔板的平均效率，概括地讲总板效率与塔的结构，操作条件，物质性质、组成等有关是无法用计算方法得出可靠值，而在设计中需要它，因此常常通过实验测取。实验中实际板数是已知的，只要测取有关数据而得到需要的理论板数即可得总板效率，本实验可测取部分回流和全回流两种情况下的板效率，当测取塔顶浓度、塔底浓度、进料浓度以及回流比，并找出进料状态，即可通过作图法画出平衡线、精馏段操作线、提馏段操作线，并在平衡线与操作线之间画梯

级即可得出理论板数。如在全回流情况下,操作线与对角线重合,此时用作图法求取理论板数更为简单。

2. 操作因素对塔效率的影响

对精馏塔而言,所谓操作因素主要是指如何正确选择回流比、塔内蒸汽速率、进料热状况等。

1)回流比

回流比是精馏操作的一个重要控制参数,回流比数值的大小影响着精馏操作的分离效果与能耗。全回流是回流比的上限情况,所需理论板为最少理论板数。最小回流比 R_m 是操作的下限情况,需无穷多个理论板才能达到分离要求,实际上不可能安装无限多块的塔板,因此亦不能选择 R_m 来操作。实际选择回流比 R 应为 R_m 的一个倍数,这个倍数根据经验取为 1.1~2。在精馏塔正常操作时,如果回流装置出现毛病,中断了回流,此时情况会发生明显变化,塔顶易挥发物组成下降,塔釜易挥发物组成随之上升,分离情况变坏。

2)塔内蒸汽速度

塔板上的气、液流量是板效率的主要影响因素,在精馏塔内,液体与汽体应有错流接触,但当气速较小时,上升汽量不够,部分液体会从塔板开孔处直接漏下,塔板上建立不了液层,使塔板上汽液两相不能充分接触;若上升汽速太大,又会产生严重液沫夹带甚至于液泛,这样减少了汽、液两相接触时间而使塔板效率下降,严重时不能正常运行。

3)进料热状态的影响

不同进料热状态对精馏塔操作及分离效果有不同影响,进料状态的不同直接影响塔内蒸汽速度,在精馏操作中应选择合适的进料状态。

3. 精馏塔操作问题的解决方法

1)精馏过程物料不平衡引起不正常

当塔顶部温度合格而塔釜温度下降,塔釜产品不合格,原因是塔底产量太大,或进料轻组分含量升高。若是产品采出量的问题,可不变回流量,加大塔顶采出,同时相应调节加热蒸汽压,也可减少进料量,待釜温正常后再调整操作条件;若是因进料组成发生变化而引起的,亦可按上述方法或进料位置进行调整。

2)分离能力不够引起产品不合格

若塔顶温度升高,塔釜温度降低,塔顶塔底产品不符合要求时,一般可通过加大回流比来解决,加大回流比时应注意不要发生液沫夹带等不正常现象。

3)进料温度发生变化

进料温度发生变化主要影响蒸汽量,应及时调节釜底加热或塔顶冷凝器及回流比。

4. 全塔效率的测定方法

全塔效率一般可在全回流操作时来测定,即在全回流操作下,测定塔顶和釜底产品的组成,再在 $x-y$ 图上用图解法求出完成此分离任务所需的理论板数,将所得理论数与塔中实际板数相比,即得全回流状态下的全塔效率。

三、实验装置及流程

1. 精馏实验装置 I

精馏实验装置 I 流程示意图,如图 3-20 所示。

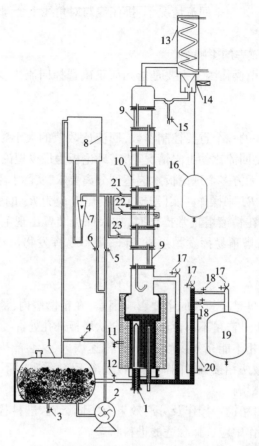

图 3 - 20　精馏实验装置 I 流程示意图

1—储料罐；2—进料泵；3—放料阀；4—料液循环阀；5—直接进料阀；6—间接进料阀；7—流量计；8—高位槽；
9—玻璃观察段；10—塔身；11—塔釜取样阀；12—釜液放空阀；13—塔顶冷凝器；14—回流比调节器；
15—塔顶取样阀；16—塔顶液回收罐；17—放空阀；18—塔釜出料阀；19—塔釜储料罐；20—塔釜冷凝器；
21—第六块板进样阀；22—第七块板进样阀；23—第八块板进样阀。

1) 主体设备(见表3-18)

精馏塔为筛板塔,全塔共有 10 块塔板,由不锈钢板制成,塔高 1.5m,塔身用内径 50mm 的不锈钢管制成,每段为 10cm。

表 3 - 18　设备操作参数

序号	名　称	数据范围		说　明
1	塔釜加热	电压 70V ~ 150V		① 维持正常操作下的参数值； ② 用固体调压器调压,指示的功率约为实际功率的 1/2 ~ 2/3
2	回流比 R	4 ~ ∞		
3	塔顶温度	77℃ ~ 83℃		
4	操作稳定时间	20min ~ 35min		① 开始升温到正常操作约 30min； ② 正常操作稳定时间内各操作参数值维持不变,板上鼓泡均匀
5	实验结果	理论板数	3 块 ~ 6 块	一般用图解法
		总板效率	40% ~ 85%	
		精度	1 块	

混合液体由储料罐(1)经进料泵(2)、进料阀(5)、进料流量计(7)进入塔内。塔釜的液面计用于观察塔釜内的存液量。塔底产品经过冷凝器(20)由平衡管流出。回流比调节器(14)用来控制回流比,塔顶液回收罐(16)接收馏出液。

2)回流比的控制

回流比控制采用电磁铁吸合摆针方式来实现的。在计算机内编制好通断时间程序就可以控制回流比。

2. 精馏实验装置Ⅱ

实验装置Ⅱ为一小型筛板塔,如图3-21所示,由精馏塔(包括塔釜、塔身和塔顶冷凝器)、加料系统、产品贮槽、回流系统及测量仪表组成。泵将料液从供料槽(1)中抽出,经转子流量计(3)计量后送入塔中,在塔内实现连续精馏。塔底为一蒸馏釜(5),用电加热棒加热,提供上升蒸汽,塔顶为蛇管式冷凝器(13),蒸汽在管外冷凝,冷凝液流至回流分配器(14),一部分回流至塔内,一部分作为产品流入产品贮槽(7)。各部分温度测量及调节由温度控制仪表来完成。

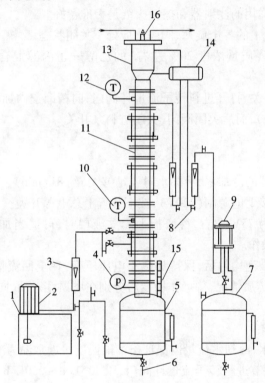

图3-21 精馏塔实验装置Ⅱ流程示意图

1—供料槽;2—输液泵;3—转子流量计;4—塔釜压力计;5—蒸馏釜;6—塔釜取样口;7—贮槽;
8—塔顶取样口;9—比重测量器;10—灵敏板温度计;11—筛板塔;12—塔顶温度计;13—蛇管式冷凝器;
14—回流分配器;15—塔釜温度计;16—排气阀。

所用设备及仪器规格如下:

1)筛板塔

塔内径:$D = 50\text{mm}$;

塔板数:$N = 15$ 块;

塔板开孔数:21 个;

板间距:$H_T = 100mm$。

2) 蛇管式冷凝器

蛇管:$\Phi 14 \times 2$,长 2500mm,以水作冷却剂。

蒸馏釜:立式 $D = 250mm$,$L = 460mm$。

3) 塔顶和灵敏板温度计

WZG – 001 微型铜电阻温度计,配 XCZ – 102 温度指示仪。

4) 加热器

两支加热棒,1kW,SRY – 2 – 1 型,一支恒加热,一支用自耦变压器调节控制。

四、实验操作步骤

1. 精馏实验装置 I

1) 实验前准备、检查工作

(1) 将与阿贝折射仪配套的超级恒温水浴调整运行到所需的温度,并记下这个温度(例如 30℃)。检查取样用的注射器和擦镜头纸是否准备好。

(2) 检查实验装置上的各个旋塞、阀门均应处于关闭状态。

(3) 配制一定浓度(质量浓度 20% 左右)的乙醇—正丙醇混合液(总容量 10 升左右),然后倒入储料罐。

(4) 开启进料泵开关、打开进料转子流量计阀门,向精馏釜内加料到指定的高度(冷液面在塔釜总高 2/3 处),而后关闭阀门,关闭进料泵开关。

2) 人工实验操作

(1) 全回流操作:

① 打开塔顶冷凝器的冷却水,冷却水量要足够大(约 8L/min)

② 记下室温值。接上电源闸(220V),按下装置上总电源开关。

③ 调节加热电压为 75V 左右,待塔板上建立液层时,可适当加大电压(如 100V 左右),使塔内维持正常操作。

④ 等各块塔板上鼓泡均匀后,保持加热釜电压不变,在全回流情况下稳定 20min 左右,期间仔细观察全塔传质情况,待操作稳定后分别在塔顶、塔釜取样口同时取样,用阿贝折射仪分析样品浓度。

(2) 部分回流操作:

① 打开塔釜冷却水,冷却水流量以保证釜馏液温度接近常温为准。

② 打开加料泵,调节进料转子流量计阀门,以 1.5L/h ~ 2.0L/h 的流量向塔内加料;用回流比控制调节器调节回流比 $R = 4$;馏出液收集在塔顶容量管中。

③ 塔釜产品经冷却后由溢流管流出,收集在容器内。

④ 等操作稳定后,观察板上传质状况,记下加热电压、塔顶温度等有关数据,整个操作中维持进料流量计读数不变,用注射器取下塔顶、塔釜和进料三处样品,用阿贝折射仪分析,并记录进料液的温度(室温)。

(3) 实验结束:

① 检查数据合理后,停止加料并关闭加热开关;关闭回流比调节器开关。

② 根据物系的 $t – x – y$ 关系,确定部分回流下进料的泡点温度。

③ 停止加热后 10min，关闭冷却水，一切复原。

3）计算机采集和控制

（1）打开塔顶冷凝器的冷却水，冷却水量要足够大（约 8L/min）。

（2）按下装置上总电源开关，把选择开关放到自动的位置后打开计算机，启动控制软件，按照计算机程序中的提示进行全回流操作，实验开始时务必把加热开关按下，待塔内操作稳定后，测定出在全回流条件下塔体温度分布和塔顶温度动态响应曲线并确定操作的稳定时间。

（3）进行连续精馏操作，通过计算机设定加热功率、回流比后，计算机自动操作得出结果。

（4）实验结束后，按照计算机的要求退出控制程序并关机。关闭选择开关，关闭总电源，在无上升蒸气后关闭冷却水。实验完毕，一切复原。

4）使用本实验设备应注意事项

（1）本实验过程中要特别注意安全，实验所用物系是易燃物品，操作过程中避免洒落以免发生危险。

（2）本实验设备加热功率由电位器来调节，故在加热时应注意加热千万别过快，以免发生爆沸（过冷沸腾），使釜液从塔顶冲出，若遇此现象应立即断电，重新加料到指定液面，再缓慢升电压，重新操作。升温和正常操作中釜的电功率不能过大。

（3）开车时先开冷却水，再向塔釜供热；停车时则反之。

（4）测浓度用阿贝折射仪，读取折光指数，一定要同时记其测量温度，并按给定的折光指数—质量百分浓度—测量温度关系（见表 3－21）测定有关数据。

（5）为便于对全回流和部分回流的实验结果（塔顶产品和质量）进行比较，应尽量使两组实验的加热电压及所用料液浓度相同或相近。连续开出实验时，在做实验前应将前一次实验时留存在塔釜、塔顶和塔底产品接受器内的料液均倒回原料液瓶中。

2. 精馏实验装置Ⅱ

（1）检查加热釜中的料液量是否适当，一般釜中液面必须浸没电加热器，液面保持在液面计的 2/3 左右。釜内料液为乙醇—水溶液，对于全回流操作，乙醇浓度约 25% ~ 35%（体积分数）；连续操作，乙醇浓度约 4% ~5%（体积分数）。

（2）关闭加料口和全部取样口，打开冷凝器顶部排气阀，全面检查装置无误后，开电热器加热升温。

（3）待塔釜溶液沸腾，注意观察塔釜、塔顶的温度变化，当塔顶第一块塔板有上升蒸汽时关闭排气口，调好冷却水量在 60L/h ~ 100L/h 某一定值，用水量保持塔顶上升蒸汽全部冷凝即可。

（4）在塔顶出现回流液（塔顶温度约在 78℃ ~80℃或灵敏板温度在 80℃左右）后应小心控制电热器的电压、电流、维持塔顶、塔釜温度，塔釜压力稳定。

（5）在全回流下，操作达到完全稳定后（塔顶温度在 78℃ ~80℃稳定约 20min ~ 30min），从塔顶、塔釜取样，取样时应用少量样品冲洗样品瓶一、二次，取样后将瓶盖盖紧，以避免样品挥发，将样品冷却到 20℃，用液体比重计测定比重，从图表中查出相应浓度；或用折光仪分析，并记下折光仪的测定温度，从表 3－21 中查得样品相应浓度。

（6）如进行部分回流操作，可预先选择好回流比和加料口，稳定操作后，塔顶、塔底同时取样分析。

（7）实验完毕后,关闭加热器,切断电源,待釜温明显下降后,关闭冷凝器冷却水进口阀,恢复原状。

五、实验报告要求

（1）用图解法求取全回流时的理论板数 N_T;计算全回流下的全塔效率 E_T。

（2）图解法求取部分回流时的理论板数 N_T;计算部分回流下的全塔效率 E_T。

六、思考题

（1）全回流在精馏塔操作中有何实际意义?

（2）全回流和部分回流在操作上有何差异?

（3）塔顶和塔底温度和什么条件有关?

（4）塔顶冷凝器内冷流体用量大小,对精馏操作有何影响?

（5）全回流操作是否为稳定操作? 当采集塔顶样品时,对全回流操作可能有何影响?

（6）如何判别部分回流操作已达到稳定操作状态?

七、实验数据记录与整理:

1. 精馏实验装置Ⅰ

精馏实验数据见表 3 – 19。

表 3 – 19　精馏实验数据表

实验装置:	实际塔板数:	物系:		折光仪分析温度:30℃	
		全回流:$R = \infty$		部分回流:$R =$　进料量: 进料温度:　泡点温度:	
	塔顶组成	塔釜组成	塔顶组成	塔釜组成	进料组成
折光指数 n					
质量分率 W					
摩尔分率 X					
理论板数					
总板效率					

乙醇—正丙醇物系

（1）纯度:化学或分析纯;

（2）平衡关系:见表 3 – 20;

（3）料液浓度:15% ~25%（乙醇质量百分数）;

（4）浓度分析用阿贝折光仪（用户自备）,折光指数与溶液浓度的关系见表 3 – 21。

表 3 – 20　乙醇—正丙醇 $t – x – y$ 关系（均以乙醇摩尔分数表示,x 为液相;y 为气相）

t	97.60	93.85	92.66	91.60	88.32	86.25	84.98	84.13	83.06	80.50	78.38
x	0	0.126	0.188	0.210	0.358	0.461	0.546	0.600	0.663	0.884	1.0
y	0	0.240	0.318	0.349	0.550	0.650	0.711	0.760	0.799	0.914	1.0

上列平衡数据摘自:J. Gmebling,U. onken Vapor—liquid Equilibrium Data Collection—Organic Hydro xy Compounds:Alcohols（p. 336）。

注:乙醇沸点:78.3℃;　　　正丙醇沸点:97.2℃。

表 3 - 21   温度—折光指数—液相组成之间的关系

液相组成	0	0.05052	0.09985	0.1974	0.2950	0.3977	0.4970	0.5990
25℃	1.3827	1.3815	1.3797	1.3770	1.3750	1.3730	1.3705	1.3680
30℃	1.3809	1.3796	1.3784	1.3759	1.3755	1.3712	1.3690	1.3668
35℃	1.3790	1.3775	1.3762	1.3740	1.3719	1.3692	1.3670	1.3650
液相组成	0.6445	0.7101	0.7983	0.8442	0.9064	0.9509	1.000	
25℃	1.3607	1.3658	1.3640	1.3628	1.3618	1.3606	1.3589	
30℃	1.3657	1.3640	1.3620	1.3607	1.3593	1.3584	1.3574	
35℃	1.3634	1.3620	1.3600	1.3590	1.3573	1.3653	1.3551	

对30℃下质量分率与阿贝折光仪读数之间关系也可按下列回归式计算:

$$W = 58.844116 - 42.61325 \times n_D$$

其中 W 为乙醇的质量分数;n_D 为折光仪读数(折光指数)。

由质量分数求摩尔分数(x_A):

乙醇相对分子质量 $M_A = 46$;正丙醇相对分子质量 $M_B = 60$,所以

$$x_A = \frac{\dfrac{W_A}{M_A}}{\dfrac{W_A}{M_A} + \dfrac{1 - W_A}{M_B}}$$

2. 精馏实验装置Ⅱ

乙醇—水溶液物系

1)乙醇—水溶液的比重、折光率(表 3 - 22)

表 3 - 22   乙醇水溶液的比重、折光率

乙醇(质量分数%)	比重 d	折光率 n	乙醇(质量分数%)	比重 d	折光率 n
1	0.9963	1.3336	16	0.9739	1.3440
2	0.9945	1.3342	17	0.9726	1.3447
3	0.9927	1.3348	18	0.9713	1.3455
4	0.9910	1.3354	19	0.9700	1.3462
5	0.9893	1.3360	20	0.9687	1.3469
6	0.9878	1.3367	22	0.9660	1.3484
7	0.9862	1.3374	24	0.9632	1.3498
8	0.9847	1.3381	26	0.9602	1.3511
9	0.9833	1.3388	80	0.8436	1.3659
10	0.9819	1.3395	81	0.8412	1.3658
11	0.9805	1.3403	82	0.8387	1.3657
12	0.9792	1.3410	83	0.8361	1.3657
13	0.9778	1.3417	84	0.8335	1.3656
14	0.9765	1.3425	85	0.8310	1.3656
15	0.9752	1.3432	86	0.8284	1.3655

乙醇（质量分数%）	比重 d	折光率 n	乙醇（质量分数%）	比重 d	折光率 n
87	0.8258	1.3654	94	0.8070	1.3642
88	0.8232	1.3653	95	0.8042	1.3639
89	0.8206	1.3652	96	0.8013	1.3636
90	0.8181	1.3650	97	0.7984	1.3633
91	0.8153	1.3648	98	0.7954	1.3630
92	0.8125	1.3646	99	0.7924	1.3622
93	0.8098	1.3644	100	0.7893	1.3614

2）常压下乙醇—水溶液的汽、液平衡数据（表 3 – 23）

表 3 – 23　1atm 下乙醇—水平衡数据

液相乙醇摩尔百分数	汽相乙醇摩尔百分数	液相乙醇摩尔百分数	汽相乙醇摩尔百分数
0.0	0.0	45.0	63.5
1.0	11.0	50.0	65.7
2.0	17.5	55.0	67.8
4.0	27.3	60.0	69.8
6.0	34.0	65.0	72.5
8.0	39.2	70.0	75.5
10.0	43.0	75.0	78.5
14.0	48.2	80.0	82.0
18.0	51.3	85.0	85.5
20.0	52.5	89.4	89.4
25.0	55.1	90.0	89.8
30.0	57.5	95.0	94.2
35.0	59.5	100.0	100.0
40.0	61.4		

实验七　气体的吸收与解析实验

一、实验目的及任务

（1）熟悉填料塔的构造与操作。

（2）观察填料塔流体力学状况，测定压降与气速的关系曲线。

（3）掌握液相体积总传质系数 $K_x a$ 的测定方法并分析影响因素。

（4）学习气液连续接触式填料塔，利用传质速率方程处理传质问题的方法。

二、实验原理

本装置先用吸收柱将水吸收纯氧形成富氧水后（并流操作），送入解吸塔顶再用空气进行解吸,实验需测定不同液量和气量下的解吸总传质系数 $K_x a$,并进行关联,得到 $K_x a = AL^a \cdot V^b$ 的关联式,同时对四种不同填料的传质效果及流体力学性能进行比较。本实验引入了计算机在线数据采集技术,加快了数据记录与处理的速度。

1. 填料塔流体力学特性

气体通过干填料层时,流体流动引起的压降和湍流流动引起的压降规律相一致。在双对数坐标系中,此压降对气速作图可得一斜率为 1.8~2 的直线(图 3-22 中 aa 线)。当有喷淋量时,在低气速下压降也正比于气速的 1.8~2 次幂,但大于同一气速下干填料的压降(图中 bc 段)。随气速的增加,出现载点(图 1 中 c 点),持液量开始增大,压降—气速线向上弯,斜率变陡(图中 cd 段)。到液泛点(图中 d 点)后,在几乎不变的气速下,压降急剧上升。

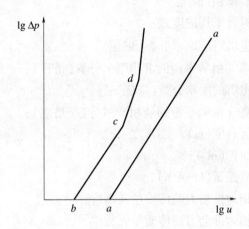

图 3-22 填料层压降—空塔气速关系示意图

2. 传质实验

填料塔与板式塔气液两相接触情况不同。在填料塔中,两相传质主要是在填料有效湿表面上进行,需要计算完成一定吸收任务所需填料高度,其计算方法有传质系数法、传质单元法和等板高度法。

本实验是对富氧水进行解吸。由于富氧水浓度很小,可认为气液两相的平衡关系服从亨利定律,即平衡线为直线,操作线也是直线,因此可以用对数平均浓度差计算填料层传质平均推动力。整理得到相应的传质速率式为

$$G_A = K_x a \cdot V_p \cdot \Delta x_m \qquad (3-50)$$

$$K_x a = G_A / V_p \cdot \Delta x_m \qquad (3-51)$$

式中
$$\Delta x_m = \frac{(x_1 - x_{e1}) - (x_2 - x_{e2})}{\ln \dfrac{x_1 - x_{e1}}{x_2 - x_{e2}}} \qquad (3-52)$$

$$G_A = L(x_1 - x_2) \qquad (3-53)$$

$$V_p = Z \cdot \Omega \qquad (3-54)$$

相关的填料层高度的基本计算式为

$$Z = \frac{L}{K_x a\Omega} \int_{x_2}^{x_1} \frac{\mathrm{d}x}{x_e - x} = H_{OL} \cdot N_{OL} \qquad (3-55)$$

即
$$H_{OL} = Z/N_{OL}$$

式中
$$N_{OL} = \int_{x_2}^{x_1} \frac{\mathrm{d}x}{x_e - x} = \frac{x_1 - x_2}{\Delta x_m}$$

$$H_{OL} = \frac{L}{K_x a \cdot \Omega}$$

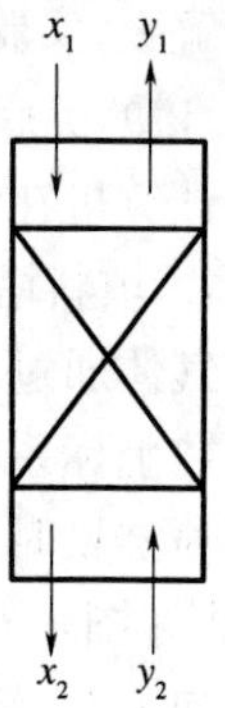

图 3-23　富氧水解析实验

上述式中　G_A——单位时间内氧的解吸量(kmol/h);

$K_x a$——总体积传质系数(kmol/($m^3 \cdot h$));

V_P——填料层体积(m^3);

Δx_m——液相对数平均浓度差;

x_1——液相进塔时的摩尔分数(塔顶);

x_{e1}——与出塔气相 y_1 平衡的液相摩尔分数(塔顶);

x_2——液相出塔的摩尔分数(塔底);

x_{e2}——与进塔气相 y_2 平衡的液相摩尔分数(塔底);

Z——填料层高度(m);

Ω——塔截面积(m^2);

L——解吸液流量(kmol/h);

H_{OL}——以液相为推动力的传质单元高度;

N_{OL}——以液相为推动力的传质单元数。

由于氧气为难溶气体,在水中的溶解度很小,因此传质阻力几乎全部集中于液膜中,即 $K_x = k_x$,由于属液膜控制过程,所以要提高总传质系数 $K_x a$,应增大液相的湍动程度。

在 $y-x$ 图中,解吸过程的操作线在平衡线下方,本实验中还是一条平行于横坐标的水平线(因氧在水中浓度很小)。

备注:本实验在计算时,气液相浓度的单位用摩尔分数而不用摩尔比,这是因为在 $y-x$ 图中,平衡线为直线,操作线也是直线,计算比较简单。

三、实验装置及流程

1. 基本数据

解吸塔径 $\Phi = 0.1\text{m}$,吸收塔径 $\Phi = 0.032\text{m}$,其中解吸塔填料层高度 0.75m,可装陶瓷拉西环、星型填料、金属波纹丝网和金属 θ 环四种填料,设备预装星型填料。

填料参数:

瓷拉西环	星型填料	波纹丝网	金属 θ 环
$12\text{mm} \times 12\text{mm} \times 1.3\text{mm}$	$15\text{mm} \times 8.5\text{mm} \times 0.3\text{mm}$	CY 型	$10\text{mm} \times 10\text{mm} \times 0.1\text{mm}$
$a_t = 403(\text{m}^2/\text{m}^3)$	$a_t = 850(\text{m}^2/\text{m}^3)$	$a_t = 700(\text{m}^2/\text{m}^3)$	$a_t = 540(\text{m}^2/\text{m}^3)$
$\varepsilon = 0.764(\text{m}^3/\text{m}^3)$		$\varepsilon = 0.85(\text{m}^3/\text{m}^3)$	$\varepsilon = 0.97(\text{m}^3/\text{m}^3)$
$a_t/\varepsilon = 527(\text{m}^2/\text{m}^3)$		$a_t/\varepsilon = 824(\text{m}^2/\text{m}^3)$	$a_t/\varepsilon = 557(\text{m}^2/\text{m}^3)$

2. 实验流程

图 3-24 是氧气吸收解吸装置流程图。氧气由氧气钢瓶供给,经氧减压阀(2)进入氧缓冲罐(4),稳压在 0.03MPa ~ 0.04MPa,为确保安全,缓冲罐上装有安全阀(6),由阀(7)调节氧气流量,并经氧转子流量计(8)计量,进入吸收塔(9)中,与水并流吸收。含富氧水经管道在解吸塔的顶部喷淋。空气由风机(13)供给,经空气缓冲罐(14),由阀(16)调节流量经空气转子流量计(17)计量,通入解吸塔底部解吸富氧水,解吸后的尾气从塔顶排出,贫氧水从塔底经液位平衡罐(19)排出。

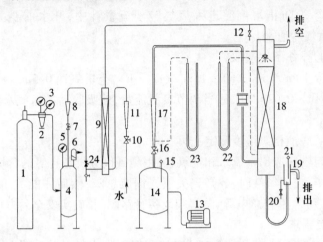

图 3-24 氧气吸收与解吸实验流程图

1—氧气钢瓶;2—氧减压阀;3—氧压力表;4—氧缓冲罐;5—氧压力表;6—安全阀;
7—氧气流量调节阀;8—氧转子流量计;9—吸收塔;10—水流量调节阀;11—水转子流量计;
12—富氧水取样阀;13—风机;14—空气缓冲罐;15—温度计;16—空气流量调节阀;
17—空气转子流量计;18—解吸塔;19—液位平衡罐;20—贫氧水取样阀;
21—温度计;22—压差计;23—流量计前表压计;24—防水倒灌阀。

自来水经水流量调节阀(10),由空气转子流量计(17)计量后进入吸收柱。由于气体流量与气体状态有关,所以每个气体流量计前均有表压计和温度计。空气流量前装有表压计(23)。为了测量填料层压降,解吸塔装有压差计(22)。在解吸塔入口设有富氧水取样阀(12),用于采集入口水样,出口水样在塔底排液平衡罐上贫氧水取样阀(20)取样。两水样液相氧浓度由 9070 型测氧仪测得。

四、实验操作步骤

1. 流体力学性能测定

1) 测定干填料压降

(1) 塔内填料务必事先吹干。

(2) 改变空气流量,测定填料塔压降,测取 6 组 ~ 8 组数据。

2) 测定湿填料压降

(1) 测定前要进行预液泛,使填料表面充分润湿。

(2) 固定水在某一喷淋量下,改变空气流量,测定填料塔压降,测取 6 组 ~ 8 组数据。

(3) 实验接近液泛时,进塔气体的增加量不要过大,否则图 3-23 中泛点不容易找到。密切观察填料表面气液接触状况,并注意填料层压降变化幅度,务必等各参数稳定后再读数据,液泛后填料层压降在气速几乎不变的情况下明显上升,务必要掌握这个特点。稍增加气量,再读取一、两个点即可。注意不要使气速过分超过泛点,避免冲破和冲跑填料。

(4)注意空气转子流量计的调节阀要缓慢开启和关闭,以免撞破玻璃管。

2. 传质实验

(1)氧气减压后进入缓冲罐,罐内压力保持 0.03MPa ~ 0.04MPa,不要过高,并注意减压阀使用方法。为防止水倒灌进入氧气转子流量计中,开水前要关闭防水倒灌阀(24),或先通入氧气后通水。

(2)传质实验操作条件选取:

水喷淋密度取 $10m^3/(m^2 \cdot h)$ ~ $15m^3/(m^2 \cdot h)$,空塔气速 0.5m/s ~ 0.8m/s,氧气入塔流量为 $0.01m^3/h$ ~ $0.02m^3/h$,适当调节氧气流量,使吸收后的富氧水浓度控制在大于或等于 19.9mg/L。

(3)塔顶和塔底液相氧浓度测定:

分别从塔顶与塔底取出富氧水和贫氧水,用测氧仪分析各自氧的含量。

(4)实验完毕,关闭氧气时,务必先关氧气钢瓶总阀,然后才能关闭氧减压阀(2)及氧气流量调节阀(7)。检查总电源、总水阀及各管路阀门,确实安全后方可离开。

五、实验报告要求

(1)计算并确定干填料及一定喷淋量下的湿填料在不同空塔气速 u 下,与其相应的单位填料高度压降的关系曲线,并在双对数坐标系中作图,确定载点气速与泛点气速。

(2)测定孔板流量计的计算公式中的 A_1、A_2 值。

(3)计算实验条件下(一定喷淋量、一定空塔气速)的液相体积传质系数 $K_x a$ 及液相总传质单元高度 H_{OL}。

六、思考题

(1)阐述干填料压降线和湿填料压降线的特征。

(2)比较液泛时单位填料设计压降和关系图中液泛压降值是否相符,一般乱堆填料液泛时单位填料设计压降是多少?

(3)试计算实验条件下填料塔实际液气比是最小液气比的多少倍?

(4)工业上,吸收在低温、加压下进行,而解吸在高温、常压下进行,为什么?

(5)为什么易溶气体的吸收和解吸属于气膜控制过程,难溶气体的吸收和解吸属于液膜控制过程?

(6)分析影响总传质系数的因素有哪些?

附

1. 氧气在不同温度下的亨利系数 E 的计算式

$$E = (-8.5694 \times 10^{-5}t^2 + 0.07714t + 2.56) \times 10^6$$

式中 t——溶液温度(℃);

E——亨利系数(kPa)。

2. 不同温度的氧在水中的浓度(见表 3 - 24)

表 3 - 24　不同温度的氧在水中的浓度

温度/℃	浓度/(mg/L)	温度/℃	浓度/(mg/L)
0.00	14.6400	18.00	9.6827
1.00	14.2453	19.00	9.4917
2.00	13.8687	20.00	9.3160
3.00	13.5094	21.00	9.3157
4.00	13.1668	22.00	8.9707
5.00	12.8399	23.00	8.8116
6.00	12.5280	24.00	8.6583
7.00	12.2305	25.00	8.5109
8.00	11.9465	26.00	8.3693
9.00	11.6752	27.00	8.2335
10.00	11.4160	28.00	8.1034
11.00	11.1680	29.00	7.9790
12.00	10.9305	30.00	7.8602
13.00	10.7027	31.00	7.7470
14.00	10.4838	32.00	7.6394
15.00	10.2713	33.00	7.5373
16.00	10.0699	34.00	7.4406
17.00	9.8733	35.00	7.3495

3. 液相体积总传质系数 $K_x a$ 及液相总传质单元高度 H_{OL} 的整理步骤

（1）使用状态下的空气流量 V_2 为

$$V_2 = V_1 \sqrt{\frac{P_1 \cdot T_2}{P_2 \cdot T_1}}$$

式中　V_1——空气转子流量计示值（m^3/h），若用孔板流量计测量，其值可用式（3-56）求取（m^3/h）；

T_1、P_1——标定状态下空气的温度（K）和压强（kPa）（20℃，$1.0133 \times 10^5 Pa$）；

T_2、P_2——使用状态下空气的温度（K）和压强（kPa）。

$$V = A_1 R^{A_2} \tag{3-56}$$

V——流量（m^3/h）；

R——孔板压差（kPa）；

A_1、A_2——孔板流量计参数。

（2）单位时间氧解吸量 G_A 为

$$G_A = L(x_1 - x_2)$$

式中　L——水流量（kmol/h）；

x_1、x_2——液相进塔、出塔的摩尔分率。

（3）进塔气相浓度 y_1，出塔气相浓度 y_2 为

$$y_1 = y_2 = 0.21$$

（4）对数平均浓度差 Δx_m 为

$$\Delta x_{m} = \frac{(x_{1} - x_{e1}) - (x_{2} - x_{e2})}{\ln \dfrac{x_{1} - x_{e1}}{x_{2} - x_{e2}}}$$

$$x_{e1} = y_{1}/m, \quad x_{e2} = y_{2}/m$$

式中　m——相平衡常数,$m = E/P$;

　　　E——亨利常数(kPa);

　　　P—系统总压强,$P = $ 大气压 $+ 1/2$(填料层压差)(kPa)。

(5) 液相总体积传质系数 $K_x a$ 为

$$K_x a = \frac{G_A}{V_P \cdot \Delta x_m}$$

式中　$K_x a$——$kmol/(m^3 h)$;

　　　V_P——填料层体积(m^3);

(6) 液相总传质单元高度 H_{OL} 为

$$H_{OL} = L/K_x a \cdot \Omega$$

式中　L——水的流量(kmol/s);

　　　Ω——填料塔截面积(m^2)。

实验八　干燥实验

一、实验目的及任务

(1) 掌握干燥曲线和干燥速率曲线的测定方法。

(2) 学习物料含水量的测定方法。

(3) 加深对物料临界含水量 X_c 的概念及其影响因素的理解。

(4) 学习恒速干燥阶段物料与空气之间对流传热系数的测定方法。

(5) 学习用误差分析方法对实验结果进行误差估算。

二、实验内容与要求

(1) 每组在某固定的空气流量和空气温度下测量一种物料的干燥曲线、干燥速率曲线和临界含水量。

(2) 测定恒速干燥阶段物料与空气之间的对流传热系数。

三、实验原理

当湿物料与干燥介质相接触时,物料表面的水分开始汽化,并向周围介质传递。根据干燥过程中不同期间的特点,干燥过程可分为两个阶段:

第一个阶段为恒速干燥阶段。在过程开始时,由于整个物料的含水量较大,其内部的水分能迅速地达到物料表面。因此,干燥速率为物料表面上水分的汽化速率所控制,故此阶段亦称为表面汽化控制阶段。在此阶段,干燥介质传给物料的热量全部用于水分的汽化,物料表面的温度维持恒定(等于热空气湿球温度),物料表面处的水蒸汽分压也维持恒定,故干燥速率恒定不变。

第二个阶段为降速干燥阶段,当物料被干燥达到临界含水量后,便进入降速干燥阶段。此时,物料中所含水分较少,水分自物料内部向表面传递的速率低于物料表面水分的汽化速率,干燥速率为水分在物料内部的传递速率所控制。故此阶段亦称为内部迁移控制阶段。随着物料含水量逐渐减少,物料内部水分的迁移速率也逐渐减少,故干燥速率不断下降。

恒速段的干燥速率和临界含水量的影响因素主要有:固体物料的种类和性质;固体物料层的厚度或颗粒大小;空气的温度、湿度和流速;空气与固体物料间的相对运动方式。

恒速段的干燥速率和临界含水量是干燥过程研究和干燥器设计的重要数据。本实验在恒定干燥条件下对帆布物料进行干燥,测定干燥曲线和干燥速率曲线,目的是掌握恒速段干燥速率和临界含水量的测定方法及其影响因素。

1. 干燥速率的测定

$$U = \frac{\mathrm{d}W'}{S\mathrm{d}\tau} \approx \frac{\Delta W'}{S\Delta\tau} \tag{3-57}$$

式中　U——干燥速率($\mathrm{kg/(m^2 \cdot h)}$);

　　　S——干燥面积($\mathrm{m^2}$)(实验室现场提供);

　　　$\Delta\tau$——时间间隔(h);

　　　$\Delta W'$——$\Delta\tau$ 时间间隔内干燥汽化的水分量(kg)。

2. 物料干基含水量

$$X = \frac{G' - G'_{\mathrm{c}}}{G'_{\mathrm{c}}} \tag{3-58}$$

式中　X——物料干基含水量(水 kg/绝干物料 kg);

　　　G'——固体湿物料的量(kg);

　　　G'_{c}——绝干物料量(kg)。

3. 恒速干燥阶段,物料表面与空气之间对流传热系数的测定

$$U_{\mathrm{C}} = \frac{\mathrm{d}W'}{S\mathrm{d}\tau} = \frac{\mathrm{d}Q'}{r_{\mathrm{tW}}S\mathrm{d}\tau} = \frac{\alpha(t - t_{\mathrm{w}})}{r_{\mathrm{tW}}} \tag{3-59}$$

$$\alpha = \frac{U_{\mathrm{C}} \cdot r_{\mathrm{tW}}}{t - t_{\mathrm{w}}} \tag{3-60}$$

式中　α——恒速干燥阶段物料表面与空气之间的对流传热系数($\mathrm{W/(m^2 \cdot \text{℃})}$);

　　　U_{C}——恒速干燥阶段的干燥速率($\mathrm{kg/(m^2 \cdot s)}$);

　　　t_{w}——干燥器内空气的湿球温度(℃);

　　　t——干燥器内空气的干球温度(℃);

　　　r_{tW}——t_{w}℃下水的气化热($\mathrm{J/kg}$)。

4. 干燥器内空气实际体积流量的计算

由节流式流量计的流量公式和理想气体的状态方程式可推导出:

$$V_t = V_{t_0} \times \frac{273 + t}{273 + t_0} \tag{3-61}$$

式中　V_t——干燥器内空气实际流量($\mathrm{m^3/s}$);

　　　t_0——流量计处空气的温度(℃);

　　　V_{t_0}——常压下 t_0℃时空气的流量($\mathrm{m^3/s}$);

　　　t——干燥器内空气的温度(℃)。

$$V_{t_0} = C_0 \times A_0 \times \sqrt{\frac{2 \times \Delta P}{\rho}} \qquad\qquad (3-62)$$

$$A_0 = \frac{\pi}{4}d_0^2 \qquad\qquad (3-63)$$

式中　C_0——流量计流量系数，$C_0 = 0.67$；

　　　A_0——节流孔开孔面积（m^2）；

　　　d_0——节流孔开孔直径，$d_0 = 0.05m$；

　　　ΔP——节流孔上下游两侧压力差（Pa）；

　　　ρ——孔板流量计处 t_0 时空气的密度（kg/m^3）。

四、实验装置及流程

1. 装置 I ：洞道式干燥器

如图 3-25 所示。

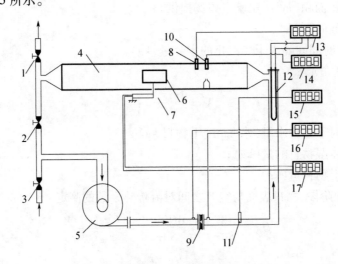

图 3-25　洞道式干燥器实验装置流程图

1—废气排出阀;2—废气循环阀;3—空气进气阀;4—洞道干燥器;5—风机;6—干燥物料;

7—重量传感器;8—干球温度计;9—孔板流量计;10—湿球温度计;11—空气进口温度计;12—加热器;

13—干球温度显示控制仪表;14—湿球温度显示仪表;15—进口温度显示仪表;

16—流量压差显示仪表;17—重量显示仪表。

洞道尺寸:长 1.16m、宽 0.19m、高 0.24m。

加热功率:500W ~ 1500W；空气流量:1 m^3/min ~ 5m^3/min；干燥温度:40℃ ~ 120℃。

重量传感器显示仪:量程(0 ~ 200g)，精度 0.2 级。

干球温度计、湿球温度计显示仪:量程(0 ~ 150℃)，精度 0.5 级。

孔板流量计处温度计显示仪:量程(0 ~ 100℃)，精度 0.5 级。

孔板流量计压差变送器和显示仪:量程(0 ~ 10kPa)，精度 0.5 级。

电子秒表绝对误差 0.5s。

2. 装置 II ：流化床干燥器

采用流化床干燥器，以热空气气流干燥变色硅胶，其装置流程如图 3-26 所示。

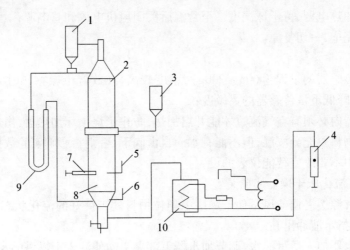

图 3 - 26　流化干燥实验装置

1—除尘器；2—干燥塔塔体；3—加水器；4—气体转子流量计；5、6—温度计；7—固体物料取样器；
8—实验用干燥物料；9—U 形管差压计；10—空气加热器。

由鼓风机输送的空气流,经转子流量计计量和电加热器预热后,通过流化床的分布板与床层中的颗粒状的湿物料进行流态化的接触和干燥,废气上升至干燥器顶部的旋风除尘器后排出。空气流的速度和温度,分别由阀门和自耦变压器调节。

所用设备和仪器规格如下:

（1）干燥塔塔体　　　　　　$\phi 146mm \times 8mm$　高温玻璃；

（2）气体转子流量计　　　　$LZB - 25 , 0 \sim 25 m^3/h$；

（3）空气加热器　　　　　　$3kW$,可调；

（4）直角温度计　　　　　　$0℃ \sim 200℃$；

（5）温度计　　　　　　　　$0℃ \sim 150℃$；

（6）除尘器　　　　　　　　$\phi 130mm \times 120mm$；

（7）固体物料取样器　　　　$2.3g/次$；

（8）实验用干燥物料　　　　30 目 ～40 目变色硅胶。

五、实验操作步骤

1. 装置 I

（1）将干燥物料（帆布）放入水中浸湿；

（2）调节送风机吸入口的蝶阀（3）到全开的位置后启动风机；

（3）用废气排出阀（1）和废气循环阀（2）调节到指定的流量后,开启加热电源；在智能仪表中设定干球温度,仪表自动调节到指定的温度；

（4）在空气温度、流量稳定的条件下,用重量传感器测定支架的重量并记录下来；

（5）把充分浸湿的干燥物料（帆布）（6）固定在重量传感器（7）上并与气流平行放置；

（6）在稳定的条件下,记录干燥时间每隔 3min 干燥物料减轻的重量。直至干燥物料的重量不再明显减轻为止；

（7）变空气流量或温度,重复上述实验并记录相关数据；

（8）关闭加热电源,待干球温度降至常温后关闭风机电源和总电源;

（9）实验完毕,一切复原。

注意事项:

（1）重量传感器的量程为(0g~200g),精度较高,在放置干燥物料时务必要轻拿轻放,以免损坏或降低重量传感器的灵敏度;

（2）干燥器内必须有空气流过才能开启加热,防止干烧损坏加热器,出现事故;

（3）干燥物料要充分浸湿,但不能有水滴自由滴下,否则将影响实验数据的准确性;

（4）实验中不要改变智能仪表的设置。

2. 装置Ⅱ:流化床干燥器实验装置

（1）接通气源缓慢调节风量使干燥塔中颗粒物料处于良好的流化状态(注意压差计读数,勿使测压指示液冲出);

（2）向加水器加入适量的水,调节加水器下部夹头勿使注入干燥塔的水流速过大,加水时应使取样器保持拉出(红线位置)状态;

（3）接通电源,调节电加热器的电流电压,使进入干燥塔的气体温度升高到所需温度(90℃~100℃),并使之维持恒定;

（4）在气体的流量和温度维持一定条件下,每隔5min记录床层温度一次,每隔5min左右取样分析一次,约取试样10个~12个,直至实验进行至物料温度明显升高,即可停止实验;

（5）固体物料取样时只要把取样器推入,随后拉出即可;

（6）取样前,把空称量瓶称重,取出样品再称重后,将样品连瓶一起放入烘箱内烘干,烘箱温度控制在105℃,每个样品约烘60min,烘干的样品拿出并放入干燥器冷却,再取出称重(注意:从干燥塔取出的样品,瓶子必须盖紧,称重后则要取下盖子放入烘箱,从烘箱取出的样品必须盖紧盖子后称重),最后,倒出样品称其空瓶;

（7）实验停止步骤:①调节变压器使电加热器电流电压为零;②切断电源;③待气体温度下降后,关闭气体进口阀,然后停止送风。

注意事项:

（1）当塔中需要补充硅胶物料时,停止加热,关闭气源,拧下取样器后即可加入;

（2）当更换硅胶物料时,可用吸尘器,拧下取样器后,用皮管伸入即可全部吸出。

六、实验报告要求

（1）根据实验结果绘制出干燥曲线、干燥速率曲线,并得出恒定干燥速率、临界含水量、平衡含水量。

（2）计算出恒速干燥阶段物料与空气之间对流传热系数。

（3）利用误差分析法估算出 α 的误差。

（4）试分析空气流量或温度对恒定干燥速率、临界含水量的影响。

七、思考题

（1）如果 t,t_w 不变,增加风速,干燥速率会产生怎样的变化?

（2）比较本班几组同学的实验数据,研究在不同的温度及不同的空气流量下,临界含水量 X_c 到来得早晚有何不同?

（3）其他条件不变,湿物料最初含水量大小对其干燥速率曲线有何影响? 为什么?

（4）湿物料的平衡水分 X^* 数值大小受哪些因素的影响？

八、实验数据记录与整理

实验日期＿＿＿＿＿＿＿＿＿＿＿　同组者＿＿＿＿＿＿＿＿＿＿＿＿＿　指导教师＿＿＿＿＿＿＿＿

原始数据

装置 I（表 3 - 25）

表 3 - 25　干燥实验装置 I 原始数据表

序号	湿试样质量/g	干燥时间间隔 $\Delta\tau$/min	流量计示值 R/(mmH$_2$O)	风机出口温度/℃	干燥室前温度/℃	湿球温度/℃	干燥室后温度/℃
1							
2							
⋮							

装置 II（表 3 - 26）

空气条件：温度＿＿＿＿＿＿＿℃　流量＿＿＿＿＿＿＿ m^3/h　干燥器直径＿＿＿＿＿＿＿ mm

表 3 - 26　干燥实验装置 II 原始数据表

容器编号	瓶重 G_1/g	时间 τ/s	床层中间温度/℃	床层入口温度/℃	压差计 R/(cmH$_2$O)	湿(瓶+料)重 G_2/g	干(瓶+料)重 G_3/g	干瓶重 G_4/g
1								
2								
⋮								

注：① 取样物料放入烘箱中在 105℃ 下烘烤 1 小时；

② 天平精度：1/1000。

第四章　化工原理演示实验

实验一　伯努利方程实验

一、实验目的及任务

（1）了解在不同情况下，流动流体中各种能量间相互转换关系和规律，加深对伯努利方程的理解；

（2）观测流动流体的阻力表现。

二、实验装置及流程

装置流程，如图4-1所示。

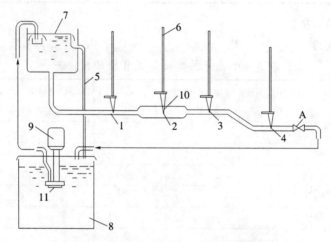

图4-1　伯努利方程式实验装置流程图

1,3,4—玻璃管（$d_内$约为13mm）；2—玻璃管（$d_内$约24mm）；5—溢流管；

6—测压管；7—高位槽；8—水槽；9—电机；10—活动测压头；11—循环水泵。

实验装置由玻璃管、测压管、活动测压头、水槽、循环水泵等组成。水箱中的水通过循环水泵（11）将水送到高位槽（7），并由溢流管（5）保持一定水位，然后流经玻璃管中的各测点，再通过出口阀A流回水箱，由此利用循环水在管路中流动，观察流体在管中流动时发生能量转换及产生能量损失现象。

活动测压头的小管端部封闭，管身开有小孔，小孔位置与玻璃管中心线平齐，又与测压管相通，转动活动测压头就可以测量动、静压头。管路分成四段，由大小不同的两种规格的玻璃管组成。

三、实验原理

流体在流动中具有三种机械能：位能、动能、静压能，这三种能量可以相互转换，当管路条件改变时（如位置、高低、管径、大小），它们便发生能量转化。对于理想流体，不存在

106

因摩擦而产生的机械能的损失,因此,在同一管路中的任何两个截面上,各种机械能不一定相等,但各截面上的这三种机械能的和总是相等的;对于实际流体,在流动过程中有一部分机械能因摩擦和碰撞而损失(不能恢复),转化为热能,因此各截面间的机械能总和是不相等的,两截面的总机械能差就是流体在这两截面之间因摩擦和湍动而损失掉的能量,即摩擦损失。

以单位质量(1kg)流体为衡算基准时,当流体在两截面之间稳定流动且无外功加入时,流体的机械能衡算式(伯努利方程)的表达形式为

$$gz_1 + \frac{p_1}{\rho} + \frac{u_1^2}{2} = gz_2 + \frac{p_2}{\rho} + \frac{u_2^2}{2} + \sum h_f \qquad \text{J/kg} \qquad (4-1)$$

以单位重量(1N)流体为衡算基准时,机械能衡算式的表达形式为

$$z_1 + \frac{p_1}{\rho g} + \frac{u_1^2}{2g} = z_2 + \frac{p_2}{\rho g} + \frac{u_2^2}{2g} + H_f \qquad \text{(J/N 或 m 流体柱)} \qquad (4-2)$$

或

$$H_{Z1} + H_{P1} + H_{Y1} = H_{Z2} + H_{P2} + H_{Y2} + H_f \qquad \text{(J/N 或 m 流体柱)}$$

式中 $H_Z = z$ ——位压头(m 流体柱);

$H_P = \dfrac{p}{\rho g}$ ——静压头(m 流体柱);

$H_V = \dfrac{u^2}{2g}$ ——动压头(m 流体柱)。

机械能可用测压管中液柱的高度来表示:当测压管上的小孔正对水流方向时,测压管中液柱的高度 h_{sg} 即为总压头 H_S(即动压头、静压头与位压头之和),当测压管上的小孔朝向与水流方向垂直时,测压管内液柱的高度 h_{pz} 为静压头与位压头之和。
则

$$H_V = H_S - H_Z - H_P = h_{sg} - h_{pz}$$

$$H_P = h_{pz} - H_Z$$

四、实验操作步骤

(1) 实验前观察了解实验装置(循环泵的开、关,溢流管控制高位槽液面,出口阀 A 调节流量,活动弯头的转动,活动测头结构以及测压管标尺的基准等),然后开启循环水泵,再打开出口阀 A,同时注意高位槽中液面是否稳定;

(2) 观察玻璃管中有无气泡,若有气泡,可先开循环水泵,再开大出口阀让水流带出气泡,也可用拇指按住管的出口,然后突然放开,如此按数次使水流带出气泡;

(3) 关闭出口阀 A,开动循环水泵,待高位槽中液面稳定后,观察并记录各测压管液面高度(测压孔同时正对或同时垂直水流方向,两组数据),见表 4 – 1;

(4) 打开出口阀 A,(小流量)使测压孔同时正对和同时垂直水流方向,测取各测压管液面高度,同时用活动弯头测取流量(即测定流出 1000mL 水所需时间),见表 4 – 1;

(5) 开大出口阀 A,使小孔方向同时正对和同时垂直水流方向测取两组数据,同时测取流量,见表 4 – 1;

(6) 实验结束,先关闭阀 A,再关闭循环水泵。

实验注意事项:

(1) 读取测压管液面高度时,眼睛要和液面水平,读取凹液面下端的值;

(2) 测流量时,至少测两次,要求两次水的流出体积同为 1000mL,流出时间差不超

过 0.2s；

（3）注意循环水泵和出口阀 A 的操作先后顺序。

五、实验报告内容

（1）计算并填写表 4-2 和表 4-3。

（2）计算举例。

六、思考题

（1）根据计算得出在大流量下测点 2 的平均流速与点速度的比值，与经验值相比较大小，说明什么？

（2）计算由高位槽液面到第 4 测压点处损失压头在大流量下与小流量下的比值，与相应动压头比值相比较，是否相等？说明什么问题？

七、实验数据记录与整理

1. 原始数据

原始数据记录见表 4-1。

设备编号：_____

管内径：$d_1 =$ _____ m，$d_2 =$ _____ m，$d =$ _____ m；

位压头：$H_1 = H_2 = H_3 =$ _____ m，$H_4 =$ _____ m；

表 4-1　实验数据记录

序号	液位读数 $H/\mathrm{mmH_2O}$	测点编号				操作		流量测定	
		1	2	3	4	阀 A	测压孔朝向	体积/mL	时间/s
1	H					关	任意		
2	h_{sg}					开（小流量）	正对水流方向		
3	h_{pz}						垂直水流方向		
4	h_{sg}					开（大流量）	正对水流方向		
5	h_{pz}						垂直水流方向		

2. 数据处理

数据处理见表 4-2，表 4-3。

表 4-2　流速测定

项目　　测点编号	平均流速/(m/s)（按测出体积流量计）	点速度/(m/s)（按测出动压头计）
测点 2		
测点 3		

表 4-3　压头测定

测点编号　压头/(mmH₂O)	1	2	3	4
总压头 H_S				
动压头 H_V				
位压头 H_Z				
静压头 H_P				

实验二 雷诺实验

一、实验目的及任务

（1）观察液体层流、湍流两种流动形态及层流时管中流速分布情况，以建立感性认识；

（2）确立"层流和湍流与 Re 之间有一定联系"的概念；

（3）熟悉雷诺准数的测定与计算。

二、实验原理

实际流体有截然不同的两种流动形态存在：层流（滞流）和湍流（紊流）。

层流时，流体质点作直线运动且互相平行。

湍流时，流体质点紊乱地向各个方向作无规则运动，但对流体主体仍可看成是向某一规定方向流动。

实验中我们可以看到，当管中流速较小时，从细管中引到水流中心处的墨水成一直线，说明流体质点有规律地沿管轴作直线运动，此时流体流动形态为层流；当流速逐步增大时，将发现墨水线条开始波动，此时为过渡流（并非一种流型）；当流速增大到一定数值时，波动的墨水线条消失，墨水线一经流出随即散开与水完全混合到一起，说明此时流体质点紊乱地向各个方向作不规则运动，但主流体仍向一规定方向流动，此时流动形态为湍流。

实验证明流体的流动特性取决于流体流动的流速，导管的几何尺寸，流体的性质（黏度、密度），各物理参数对流体流动的影响由 Re 的数值所决定。即：

$$Re = \frac{du\rho}{\mu}$$

式中：u ——流速（m/s）；

d ——导管内径（m）；

ρ ——流体密度（kg/m³）；

μ ——流体黏度（kg/(s·m)即 Pa·s）。

实验证明：$Re \leqslant 2000$ 时为层流；

$Re \geqslant 4000$ 时为湍流；

$Re = 2000$ 时为层流临界值；

$Re = 4000$ 时为湍流临界值；

$2000 < Re < 4000$ 时为过渡流。

三、实验装置及流程

见实验流程图 4-2。自来水由调节阀 A 送入高位槽（5）中，缓冲器（2）用来消除进水带来的干扰，高位水槽的水位由溢流装置（3）保持恒定，在水槽下面接一内径为 21.6mm（1#装置）的垂直玻璃管（9）（2#装置内径为 21.21mm），其水量由 C 阀调；其流量由转子流量计（8）测出，在水槽上部放一墨水瓶（1），在垂直管入口处插入一根与墨水瓶相通的墨水注入针（10），墨水的流量可由阀 B 调节。

转子流量计的工作原理请参考第二章第三节。

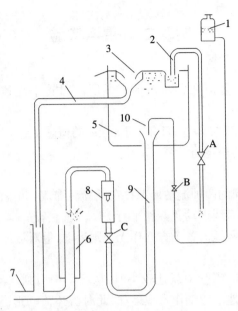

图 4 - 2 雷诺实验装置

1—墨水瓶；2—缓冲器；3—溢流装置；4—溢流管；5—高位槽；
6—计量槽；7—下水管；8—转子流量计；9—玻璃管；10—墨水注入针。

四、实验操作步骤

（1）熟悉实验装置及流程。

（2）开阀 B 放一团墨水（2cm～3cm），再关 B 阀，略微开启 C 阀，使管中的水在很低的速度下流动，观察墨水顶端形状。

（3）开阀 A 向高位槽供水，并调节阀 A 保持有少量水溢流。

（4）微开启阀 B 调节阀 C 的开度，观察墨水线在管中出现的不同现象。

（5）记录层流，过渡流，湍流时转子流量计的读数。

（6）（选作）流量由小到大，观察墨水线由直线转变为波动时转子流量计读数，再使流量由大到小，观察墨水线条由波动转为直线时转子流量计读数，如此重复测定，即可测出本实验装置层流临界值。

（7）关阀 B，再关阀 C，后关阀 A。

五、注意事项

（1）溢流量不要太大，液面波动严重时会影响测试结果；

（2）B 阀墨水量不应过大，否则即浪费又影响测试结果；

（3）读取流量计读数应待 C 阀调节完稍候再读；

（4）轻开轻关各阀门。

六、思考题

（1）在实验步骤（2）中，观察墨水顶部形状如何，此形状说明什么问题？

（2）如果管子是不透明的，不能用直接观察来判断管中流动形态，你认为可用什么办法来判断管中流动形态？

（3）有人说可以用流速来判断管中流动形态，流速低于某一具体数值时是层流，否则

110

是湍流,你认为这种看法对否? 在什么条件下可以只用流速的数值来判断流动形态?

七、实验数据记录与整理

实验数据记录与整理见表4-4。

表4-4 实验数据记录

设备编号: 　　玻璃管内径: 　　水温: 　　水的密度: 　　水的黏度:

序号	流速测定			雷诺准数 Re	流动形态	
	转子流量计读数/(L/h)	转子流量计校正值	流速 u		由 Re 作出的判断	实际观察到的状态
1						
2						
3						

实验三　旋风分离器性能演示实验

一、实验目的及任务

观察在旋风分离器和对比模型的风部气体运行情况,加深对旋风分离器作用原理的了解。

二、仪器的结构及工作原理

旋风分离器主体上部是圆筒形,下部是圆锥形,进气管在圆筒的旁侧,与圆筒作正切(见图4-3)。对比模型外形与旋风分离器相同,仅是进气管不在圆筒部分的切线上,而安装在径向(图4-4)。

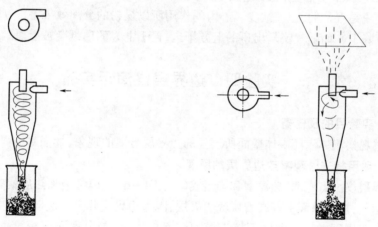

图4-3 旋风分离器　　　　　　图4-4 对比模型

含尘气体在旋风分离器的进气管沿切线方向进入分离器内作旋转运动,尘粒受到离心力的作用而被甩向器壁,再经圆锥落入灰斗,干净的气体则由排气管排走,从而达到分离的目的。如果含尘气体从对比模型的径向管进入管内,则气体不产生旋转运动,因而分离效果很差。

三、仪器流程及操作演示

本套仪器有自动稳压器玻璃旋风分离器和对比模型等组成。

仪器流程如图4-5示,空气(由压缩机供给)经总气阀(1)和过滤减压阀(2)、节流孔(4),同时供应给旋风分离器(9)和对比模型(12)。当高速空气通过抽吸器(7)的喷嘴时,使抽吸器(7)形成负压,这时抽吸器(7)下端煤粉杯(8)中的煤粉就被气流带入系统与气流混合成为含尘气体进入旋风分离器(9)进行气固分离,这时可以清楚地看见煤粉旋转运动的形状,一圈一圈地沿螺旋形流线落入灰斗内,从旋风分离器出口排出的空气清洁无色。

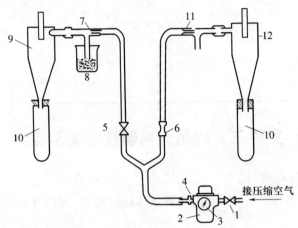

图4-5 旋风分离器与对比模型流程图

1—总气阀;2—过滤减压阀;3—压力表;4—节流孔;5—旋塞;6—节流孔;

7、11—抽吸器;8—煤粉杯;9—旋风分离器;10—灰斗;12—对比模型。

然后,将煤粉杯移到对比模型的抽吸器(11)下方,当含煤粉的空气进入模型内就可以看见气流是混乱的,由于缺少离心力的作用所以煤粉的分离效果差,一些粒度较小的煤粉不能沉降下来而随气流从出口的上方排出,置于上方的白纸会被熏黑。

实验四 边界层仪演示实验

一、实验目的及任务

通过观察流体流经固体壁面所产生的边界层分离的现象,加强对边界层的感性认识。

二、利用折光法观察热边界层的原理

边界层仪由点光源、热模型和屏组成(见图4-6)。模型被加热后就有自下而上的空气对流运动,模型壁面上存在着层流边界层,因为边界层几乎不流动,传热情况很差,层内温度远高于周围空气的温度而接近模型壁面温度,用热电偶测出模型面温度有350℃。气体对光的折射率有下列关系:

$$(n-1)\frac{1}{\rho} = 恒量$$

式中 n ——气体折射率;

ρ ——气体密度。

由于边界层内气体的密度边界层外的气体密度不同,则折射率也不同,利用折射率的差异可以观察边界层。

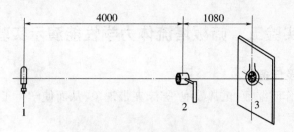

图 4 – 6　ZRB – 1 型边界仪

1—点光源；2—模型；3—屏。

点光灯泡的光线从离模型几米远的地方射向模型,它以很小的入射角 i 射入边界层(图 4 – 7)。如果光线不偏折,它应投到 b 点,但现在由于高温空气折射率不同,光线产生偏折,出射角 γ 大于入射角。射出光线在离开边层时再产生一些偏折后投射到 a 点,在 a 点上原来已经有背景的投射光,加上偏折的折射光后就显得特别明亮,无数亮点组成图形,就反电映了边界层的形状此外,原投射位置(b 点)因为得不到氢射光线,甩以显和得较暗,形成暗区,这个暗区也是边界层折射现象引起的,因此也代表边界层的形状。

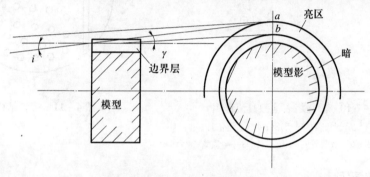

图 4 – 7　光线折射图

从边界层仪可以清楚地表现出流体流经圆柱体的层流边界层形象,圆柱底部由于气流动压的影响,边界层最薄(见图 4 – 8)。越往上部,边界层越厚,最后产生边界层分离,形成旋涡。仪器还可表演边界层的厚度随流体速度的增加而减薄的现象,我们对模型吹气,就会看到迎风一侧边界层影象的外没退到模型壁上,表示边界层厚度减薄(见图 4 – 9)。

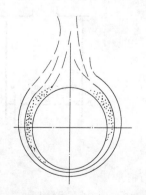

图 4 – 8　层流边界层形象

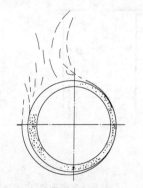

图 4 – 9　迎风一侧边界层减薄

113

实验五　筛板塔流体力学性能演示实验

一、实验目的及任务

观察筛板塔操作时漏液、正常鼓泡、雾沫夹带现象,从而使学生了解到应该正确设计筛板塔的气速。

二、设备介绍

筛板塔装置由风机(1)、气阀(2)、水阀(3)、水流量计(4)、筛板(5)、液封管(6)、压差计(7)等组成(见图4－10)。筛板上有筛孔、溢流管(8)、降液区等(见图4－11)。

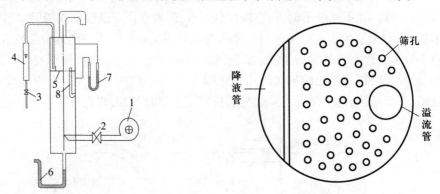

图4－10　筛板塔表演教具流程图
1—风机;2—气阀;3—水阀;4—水流量计;
5—筛板;6—液封管;7—压差计;8—溢流管。

图4－11　筛板结构图

三、操作演示

演示前可先供水,开动风机,气阀处于半开位置,运行一下,让筛板充分润湿。演示时,采用固定的水流量(约1.28L/min),改变不同的气速,演示各种气速时的运行状况。

(1)全开气阀,气速达到最大值,这时可以看到泡沫层很高,并且有大量液滴从泡沫层上方往上冲(见图4－12(a)),这就是所谓雾沫夹带现象。这种现象表示实际气速大大超过设计气速。

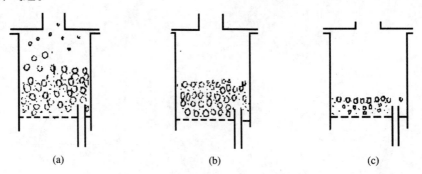

(a)　　　　　　　　　　(b)　　　　　　　　　　(c)

图4－12　筛板塔的三种运行情况
(a)雾沫夹带现象;(b)筛板塔正常运行情况;(c)筛板塔气速太小的操作状态。

（2）逐渐关小气阀，这时飞溅的液滴明显减少，泡沫层的高度适中，气泡很均匀（见图4-12(b)）表示实际气速符合设计值，这是筛板塔正常运行状态。

（3）再进一步减少气速，当气速大大小于设计气速时，泡沫层明显减少，因为鼓泡少，气体两相接触面积大大减少（见图4-12(c)），显然，这是筛板塔不正常状态。

（4）再慢慢关小气阀，可以看见板面上既不鼓泡，液体也不下漏的现象。若再关小，则可看见液体从筛孔中漏出。这就是筛板的漏液点。

整个演示过程还可以从U形压差计上读出各个操作状态下的板压降。

第五章　计算机处理实验数据及仿真实验

第一节　用 Excel 处理实验数据

Excel 是办公软件 office 系列软件之一,具有简单易学、操作简便等优点。可以用它来组织、计算和分析各种类型的数据,用于化工实验数据处理,可使用公式对数据进行运算,把数据用各种图表的形式表现得直观明了,并可以进行一些数据分析工作,还可取代过去繁杂的公式重复运算和手工绘制实验曲线工作。Excel 的基本操作和功能在 Excel 有关教程中有详细的讲解。下面就 Excel2003 在化工实验数据处理方面的应用作一简要介绍。

一、启动 Excel 工作表

从计算机桌面的右下方选"开始"→"所有程序"→"Microsoft Office"→单击"Office Excel 2003",打开 Excel 工作簿,或单击桌面上的图标,打开 Excel 工作簿。

在这个工作画面上,我们可以对实验数组进行公式、函数运算,并绘出相应实验曲线和做有关误差分析等工作。

在工作簿中的单元格内可输入文字、数字、时间或公式,如图 5 – 1 中输入实验原始数据。

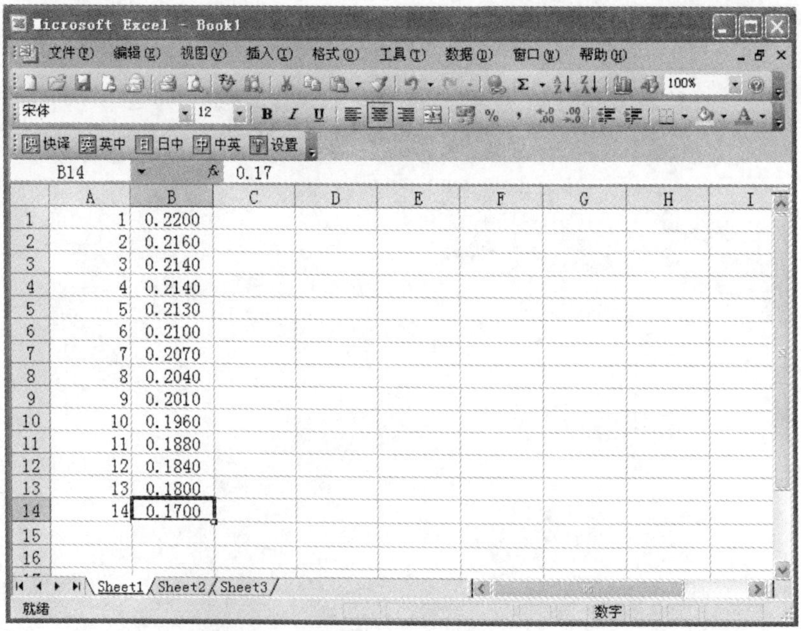

图 5 – 1　输入实验原始数据

二、公式的使用

1. 输入公式

公式可以包括以下任何元素:运算符、单元格引用位置、数值、工作表函数以及名称。若要在工作表单元格输入公式,则可以在编辑栏中键入这些元素的组合。

输入公式的操作类似于输入文字型数据,不同的是在输入公式时总是以等号" = "作为开头,然后才是公式的表达式。在公式中可以包含各种算术运算符、常量、变量、函数和单元格地址等。下面是几个公式的实例:

= 100 * 22	常量运算;
= A3 * 1200 - B4	引用单元格地址(变量);
= SQRT(A5 + C7)	使用函数。

输入公式时,主要用到的工具栏如图 5 - 2 所示。

图 5 - 2　输入公式的编辑栏

在单元格中输入公式的操作步骤:

(1)选择要输入公式的单元格。

(2)在编辑栏的输入框中输入一个等号" = ",接着输入要用的公式。

(3)输入完毕后,按下键或者单击编辑栏上的"确认"按钮。也可直接在需输入公式的单元格中输入公式。

例如,假定在单元格 A1 中输入了数值 100,我们将分别在单元格 A2、A3、A4 中输入下列 3 个公式:

$$= A1 * 100$$

$$= (A2 + A1) + A1$$

$$= A1 + A3$$

当输入完这些公式后,就会看到工作表如图 5 - 3,在单元格 A2、A3、A4 中分别显示出下列数值:10000、101、201。

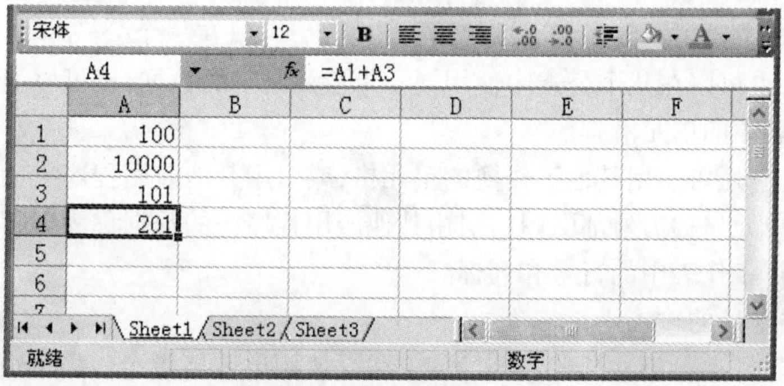

图 5 - 3　输入公式后的结果

在输入公式的过程中,总是使用运算符来分割公式中的项目。在公式中不能包含"空格"。如果要取消所输入的公式,可以单击编辑栏中的"取消"按钮。

2. 公式运算符

在 Excel 中,可以使用的数学运算符及比较运算符见表 5 - 1。

在执行算术操作时,基本上都要求两个或者两个以上的数值或变量,例如 = 10^2 * 15 就是如此。但对于百分数来说只要一个数值也可以运算,例如 = 5% ,百分数运算符会自动地将 5 除以 100,得出 0.05。

在 Excel 环境中,不同的运算符具有不同的优先级(表 5 - 2)。如果要改变这些运算符的优先级,可以使用括号以改变表达式的运算次序。在 Excel 中规定的有的运算符都遵从"由左到右"的次序来运算。例如, = A1 + B2/100 和 = (A1 + B2)/100 的结果不同。

表 5 - 1   数学运算符及比较运算符

数学运算符	说明	比较运算符	说明
+	加法	=	等于
−	减法	<	小于
*	乘法	>	大于
/	除法	< =	小于或等于
%	百分数	> =	大于或等于
^	乘方	< >	不等于

表 5 - 2   运算符的优先级(由高到底)

运算符	说明	运算符	说明
−	负号	+ 和 −	加、减法
%	百分号	&	连接文字
^	指数	= 、< 、> 、< = 、> = 、< >	比较符号
* 和/	乘、除法		

注意:在公式中输入负数时,只需在数字前面添加" − "即可,而不能使用括号。例如, = 5 * − 10 的结果是" − 50"。

3. 公式的引用位置

一个引用位置代表工作表中的一个或者一组单元格,引用位置告诉 Excel 在哪些单元格中查找公式中要用的数值。通过使用引用位置,可以在一个公式中使用工作表内不同区域的数据,也可以在几个公式中使用同一个单元格中的数据,还可以引用同一个工作簿上其他工作表中的单元格。

除此之外,它还可引用其他工作簿的单元格,或引用其他应用程序中的数据。引用其他工作簿中的单元格称为外部引用。引用其他应用程序中的数据称为远程引用。单元格的引用位置基于工作表中的行号和列标。

1) 单元格地址的输入

在公式中输入单元格地址的最准确的方法是使用单元格指针。虽然也可以在编辑栏中输入一个完整的公式,但在输入过程是很可能有输入错误或者读错屏幕单元地址的情况发生,例如,很可能将 B23 输入为 B22。因此,通过利用将单元格指针指向正确的单元格,从而把活动的单元格地址移到公式中相应位置,这样就可避免错误的发生。在利用单元格指针输入单元格地址时,最得力的助手就是使用鼠标。

用鼠标输入单元格地址的操作步骤:

(1) 选择要在其中输入公式的单元格。

(2) 在编辑栏的输入框中输入一个等号" = "。

(3) 用鼠标选中公式中要用的单元地址。

(4) 输入运算符。重复步骤(3)和(4),直到将公式输入完毕。

(5) 按下 Enter 键或者单击编辑栏上的"确认"按钮。

例如,要在单元格 B2 中输入公式 = A1 + A2 + C6,则可将鼠标指向单元格 B2,然后在单元格键入一个" = "号,接着用鼠标单击 A1,再键入" + "号,再单击 A2,键入" + "号,最后键入 C6 完成公式的输入。

2) 相对地址引用

在输入公式的过程中除非特别指明,Excel 一般是使用相对地址来引用单元格的位置。

所谓相对地址,是指当把一个含有单元格地址的公式复制到一个新的位置,或者用一个公式填入一个范围时,公式中的单元地址会随着改变。例如上例中输入的公式实际上代表了如下的含义:将单元格 A1 的内容放置到 B2 单元格中,然后分别和 A2、C6 单元格中的数字相加,并把结果放回到 B2 单元格中。

将上例中的公式 = A1 + A2 + C6 分别复制到单元格 C2、D2、B3 和 B4 中,图 5 - 4 显示了复制后的公式,从中可以看到相对引用的变化。

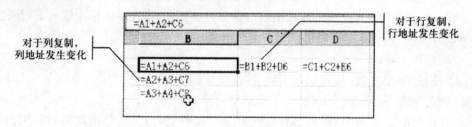

图 5 - 4　相对地址引用

3) 绝对地址引用

一般情况下,复制单元格地址使用的是相对地址引用,当不希望单元格地址变动时,就必须使用绝对地址引用。

绝对地址引用,是指要把公式复制或者填入到新位置,并且使公式中的固定单元格地址保持不变。在 Excel 中,是通过对单元格地址的"冻结"来达到此目的,即在列号和行号前面添加美元符号" $ "。

下面以图 5 - 5 中 B2 的单元格来说明绝对引用。例如,要使公式 = A1 + A3 中的 A1 保持不变,就必须使其变成绝对地址引用,即将 B2 的单元格公式改变为 = $ A $ 1 * A3。这样当将公式复制到其他单元格时就不会被当作相对地址引用,从图 5 - 5 的 C2 单元格可看到发生的变化。

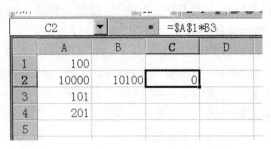

图 5 – 5   绝对地址引用

三、函数的使用

要在工作表中的公式内使用函数,需遵守一定的语法规则。在公式中使用的字符次序称为语法。所有函数都有相同的基本语法。如果公式以一个函数开始,则应像其他公式一样,在函数前面加一个等号。括号表示参数开始和结束的位置。应在事先指定参数,参数可以是数字、文字、逻辑值、数组或者引用地址。左右两个括号必须成对出现,括号前后都不能有空格。指定的参数必须能产生一个有效值。

参数可以是常量或者公式,这些公式本身又可以包含其他函数。如果一个函数的参数本身也是一个函数,则称为嵌套。在 Excel 中,一个公式最多可以嵌套 7 层函数。

工作表函数是能运用于工作表中以自动地实现决策、执行以及数值返回等操作的计算工具。Excel 提供了大量能完成许多不同计算类型的函数(见后面常用函数)。

1. 输入和使用函数

在工作表中,对于函数的输入可以采取以下几种方法,下面分别给予介绍。

(1) 手工输入函数。手工输入函数的方法同在单元格输入公式的方法一样。先在输入框中输入一个等号(=),然后输入函数本身即可。例如,可在单元格中输入下列函数:

    = SQRT(B1)

    = SUM(B1 : B6)

(2) 使用"粘贴函数"按钮输入函数,操作步骤如下:

① 选定要输入函数的单元格,例如选定单元格 B7。

② 选择"插入"菜单中"函数"命令,或单击工具栏上的 f_x(粘贴函数)按钮,弹出"粘贴函数"对话框,如图 5 – 6 所示。

(3) 在对话框中单击"或选择类别"的下拉菜单中选择要输入的函数分类,例如"统计"。当选定函数分类后,再从弹出的列表框中选择要输入的函数。例如,选择求平均数函数 AVERAGE。

(4) 单击"确定"按钮,弹出如图 5 – 7 所示的对话框。可以看到在单元格 B7 中,选定的函数粘贴到插入点,并自动将函数输入到选定的单元格中。

(5) 在参数输入框中输入需要的参数。例如,在本例中当输入完第 2 个参数后,会看到出现第 3 个参数输入框。依次类推。

(6) 单击"确定"按钮,即将完整的函数输入到单元格中。如图 5 – 8 所示。参数框的数量由函数确定。在输入参数的过程中,会看到对于每个必要的参数都输入数值后,该函数的计算结果就会出现。

注意:在输入过程中应使用 Tab 键而不是通常的 Enter 键。

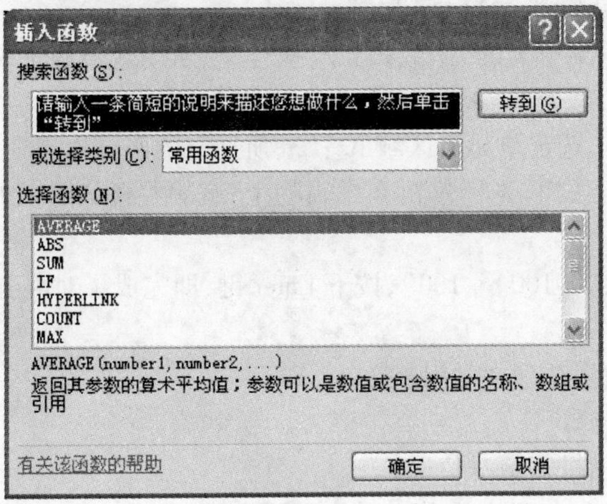

图 5-6 "粘贴函数"对话框

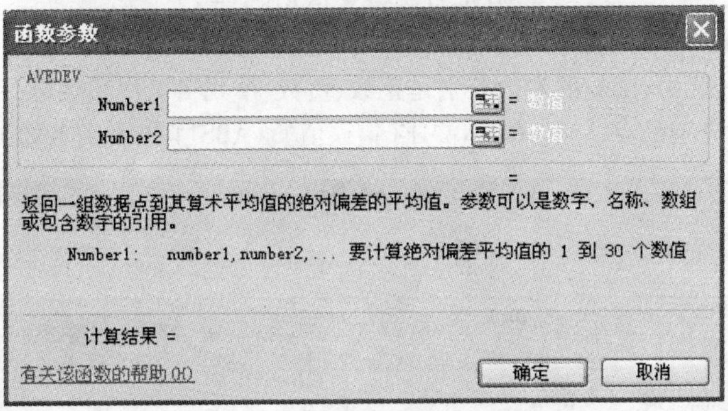

图 5-7 选定函数粘贴到插入点

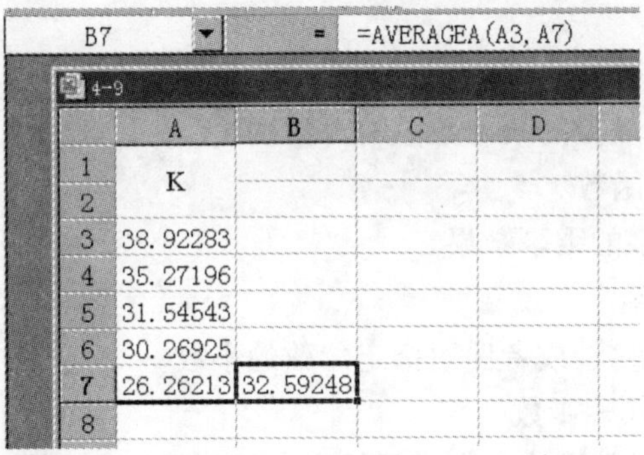

图 5-8 函数计算结果

2. 在公式中输入函数

例如,要输入下列公式:

$$= A1 - A3/(SUM(B2:C3)*100) + 100$$

在公式中输入函数的操作步骤:

（1）在编辑栏中输入"= A1 – A3/("。

（2）选择"插入"菜单上的"函数"命令,执行"粘贴函数步骤①",选择函数 SUM。

（3）单击"确定"按钮,进入到"粘贴函数步骤②"。

（4）单击工作表,选定单元格区域 B2:C3,所选定的区域出现在参数的输入框中。

（5）单击"确定"按钮,光标停留在编辑栏上,编辑栏的内容变成"= A1 – A3/(SUM（B2:C3))"。

（6）在其后输入"*100) +100",按下 Enter 键,即完成了对混合公式的输入。

四、常用函数

下面给出实验数据处理中常用函数。

1. ABC 工作表函数

功能:对一个数值进行绝对值运算。

假如在单元格 A1 中存有数值 16,如果要计算 2、– 2、A1、A 的绝对值,则其公式如下:

$$\text{"} = ABS(2)\text{"} \qquad \text{"} = ABS(-2)\text{"}$$
$$\text{"} = ABS(A1)\text{"} \qquad \text{"} = ABS(A)\text{"}$$

在这 4 个公式中,函数的参数分别是正数、负数、单元格引用和字母,从对应的单元格可以看到结果,分别是:2、–2、16、#NAME(错误值)。ABS 工作表函数如图 5 –9 所示。

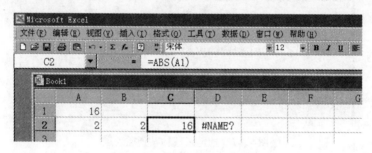

图 5 –9　使用 ABS 工作表函数

2. LOG10 工作表函数

功能:计算以 10 为底数的某个数值的对数。

3. POWER 工作表函数

功能:计算给定数字的乘幂结果。

4. TRUNC 工作表函数

功能:将数字截为整数,或者保留指定位数的小数。

5. DAVERAGE 工作表函数

功能:计算数据库或数据清单中满足给定条件的数据列中数值的平均值。

6. DVAR 工作表函数

功能:返回数据库或数据清单的指定列中,满足给定条件单元格中数字之和。

7. DVARP 工作表函数

功能:将数据库或数据清单的指定列中,满足给定条件单元格中的数字作为样本总体,计算总体的方差。

五、数组的使用

数组就是单元的集合或是一组值的集合。可以编写一个数组公式,即输入一个公式,可执行多个输入操作并产生多个公式计算结果,每个结果都显示在一个单元中。数组公式可以产生一个以上的结果。一个数组公式可以占用一个或多个单元。数组的元素可多达 6500 个。

利用数组公式产生多个计算结果的操作步骤:

(1)选定要输入公式的单元格,在本例中选择 E3 单元格。

(2)在 E3 单元格中输入公式 = A3 - B3。

(3)用鼠标按住该单元左下角的手柄,拖拽至 E11 后放开,得到数组公式的计算结果,如图 5 - 10 所示。

E3 ▼ = {=INT(((4.97*10^-7*D3:D11/1000)/POWER(A3:A11,2))*10^4+0.5)/10^4}

	A	B	C	D	E
1	流量	直管阻力mmHg			λ
2	m³/s	高	低	R	
3	0.00398	640	75	565	0.0177
4	0.0038	605	95	510	0.0176
5	0.00348	545	105	440	0.0181
6	0.00318	485	120	365	0.0179
7	0.00275	410	135	275	0.0181
8	0.00247	370	140	230	0.0187
9	0.00211	320	150	170	0.019
10	0.00177	275	155	120	0.019
11	0.00115	220	160	60	0.0225

图 5 - 10　产生 9 个计算结果

六、图表的使用

Excel 不仅可制作出各种形式的表格,还可以依据表格提供的数据以图表的形式表现。图表的类型有两种:

(1)内嵌图表:主要用于补充工作数据并在工作表内显示。

(2)独立图表:在工作簿的单独工作表上显示的图表。内嵌图表和独立图表都会被链接到建立它们的工作表数据上,当更新工作表时,二者也随之更新。当保存工作簿时,内嵌图表被保存在工作表中。当基于工作表内的选定区域建立图表时,Excel 利用来自工作表的值,并将其当作数据点在图表上显示出来。数据点用条形、线条、柱形、切片、点及其他形状表示。

建立图表后,可以通过增加图表项,如数据标记、图例、标题、文字、趋势线、误差线及网格线待等来美化图表及强调某些信息。

1. 建立图表

图表可用"插入"菜单中的"图表"命令,或工具栏上的图表向导按钮来建立。

利用"图表向导"建立内嵌图表,例如,针对图 5 - 11 所示的离心泵性能实验数据处理表产生一个拟合曲线图的操作步骤:

(1)在图 5 - 11 中选定需要绘制曲线的数据区域单元格。选择工具栏中"插入"→"图表"命令,或者单击工具栏上的图表向导按钮,弹出如图 5 - 12 所示的"图表类型"对话框。

fx {=C4:C17/337.72}

D	E	F	G	H	I	J
原始数据				处理数据		
W（w）	$P_{压}$（MPa）	$P_{真}$（MPa）	Q(l/s)	H(m)	N(kW)	η
55	0.2200	0	0	22.43	0.825	0.00%
62	0.2160	0.005	0.234	22.53	0.930	5.56%
66	0.2140	0.0056	0.468	22.39	0.990	10.37%
74	0.2140	0.0058	0.702	22.41	1.110	13.89%
80	0.2130	0.006	0.936	22.32	1.200	17.07%
84	0.2100	0.0062	1.170	22.04	1.260	20.06%
88	0.2070	0.0064	1.404	21.75	1.320	22.68%
98	0.2040	0.007	1.637	21.51	1.470	23.49%
104	0.2010	0.0082	1.871	21.33	1.560	25.08%
107	0.1960	0.0094	2.105	20.94	1.605	26.93%
112	0.1880	0.0106	2.339	20.24	1.680	27.64%
116	0.1840	0.012	2.573	19.98	1.740	28.97%
119	0.1800	0.013	2.807	19.67	1.785	30.33%
123	0.1700	0.0146	3.041	18.82	1.845	30.41%

处理 / Sheet1 / 泵的特性曲线 /

求和=319.6360765   数字

图 5-11　离心泵性能实验数据处理表

图 5-12　"图表类型"对话框

在对话框中列出了 Excel 提供的图表类型，反白显示的是 Excel 默认的选项。在"图表类型"列表框中选择需要的图表类型，在本例中选择"XY 散点图"。

（2）单击"下一步"按钮，弹出"图表源数据"对话框。

（3）再单击"下一步"，出现如图 5-13 所示"图表选项"对话框，在该对话框中列出了 5 个选项卡，可分别对图表设置不同的选项。例如：在"标题"选项卡中输入要命名的标题（本标题为 H-Q 曲线），在"数值（X）轴（A）"下白框中输入"流量（Qm³/s）"，在"数值（Y）轴（V）"下白框中输入"扬程（m）"。

（4）继续单击"下一步"，出现如图 5-14 所示"图表位置"对话框，选择图表插入方式后，单击"完成"，工作表页面上出现图表。

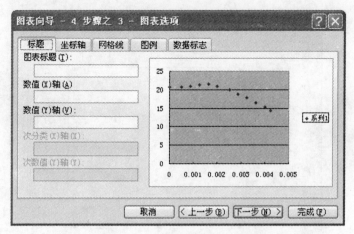

图 5 – 13 "图表选项"对话框

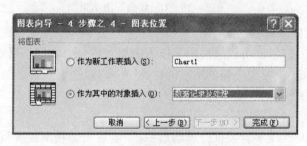

图 5 – 14 "图表位置"对话框

（5）在工具栏"图表"下拉菜单中单击"添加趋势线"，出现如图 5 – 15"添加趋势线"对话框。

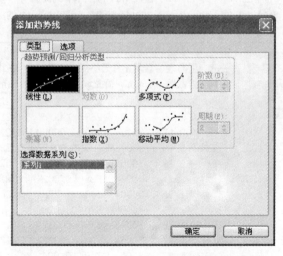

图 5 – 15 "添加趋势线"对话框

（6）选择相应的"趋势预测/回归分析类型"，本操作选择"多项式"中的"阶数"为"2"，单击"确定"，得出实验 H – Q 实验曲线的拟合曲线图。

（7）在出现的图表中进行改变图表大小、底色等有关图片调整操作，最后得出如图 5 – 16 所示图表结果。

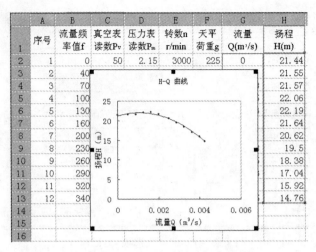

	A 序号	B 流量频率值f	C 真空表读数Pv	D 压力表读数Pm	E 转数n r/min	F 天平荷重g	G 流量Q(m³/s)	H 扬程H(m)
2	1	0	50	2.15	3000	225	0	21.44
3	2	40						21.55
4	3	70						21.57
5	4	100						22.06
6	5	130						22.19
7	6	160						21.64
8	7	200						20.62
9	8	230						19.5
10	9	260						18.38
11	10	290						17.04
12	11	320						15.92
13	12	340						14.76
14								
15								
16								

图 5-16 H-Q 曲线图结果

2. 添加、修改图表数据

在建立了图表之后,还可以通过向工作表中加入更多的数据系列或数据点来更新它。增加数据的方法取决于希望更新的图表的种类——内嵌图表或独立图表。使用复制和粘贴是向图表中添加数据的最简单的方法。

1）添加图表数据

例如,为离心泵性能实验数据处理增加一条"流量—轴功率曲线"（Q-N曲线）,操作步骤如下:

（1）单击图表,图表中的曲线所对应的数据出现带颜色的线框,在 Excel 中被称为选定柄,在工作表上拖动蓝色线框右下角的选定柄,将"泵的轴功率 N"一栏数据区域包含到矩形选定框中,完成输入"泵的轴功率 N"列的数据,如图 5-17 所示。

	A 序号	B 流量频率值f	C 真空表读数Pv	D 压力表读数Pm	E 转数n r/min	F 天平荷重g	G 流量Q(m³/s)	H 扬程H(m)	I 泵的轴功率N
2	1	0	50	2.15	3000	225	0	21.44	0.3049
3	2	40	58	2.15	3000	285	0.0005	21.55	0.3862
4	3	70	60	2.15	3000	350	0.00088	21.57	0.4742
5	4	100	75	2.18	3000	420	0.00125	22.06	0.5691
6	5	130	85	2.18	3000	470	0.00163	22.19	0.6368
7	6	160	102	2.1	3000	525	0.002	21.64	0.7113
8	7	200	135	1.95	3000	590	0.0025	20.62	0.7994
9	8	230	160	1.8	3000	640	0.00288	19.5	0.8672
10	9	260	185	1.65	3000	675	0.00325	18.38	0.9146
11	10	290	215	1.47	3000	720	0.00363	17.04	0.9756
12	11	320	240	1.32	3000	740	0.004	15.92	1.0027
13	12	340	270	1.16	3000	760	0.00425	14.76	1.0298

图 5-17 增加新的数据

（2）松开鼠标后,图表中,增加了流量—轴功率的实验数据点分布,如图 5-18 所示的图表。

126

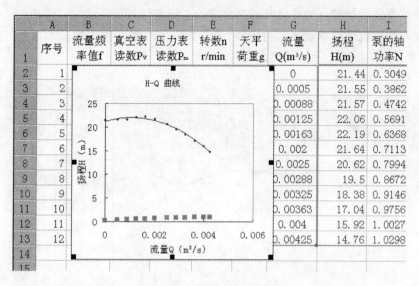

	A	B	C	D	E	F	G	H	I
1	序号	流量频率值f	真空表读数Pv	压力表读数Pm	转数n r/min	天平荷重g	流量Q(m³/s)	扬程H(m)	泵的轴功率N
2	1						0	21.44	0.3049
3	2						0.0005	21.55	0.3862
4	3						0.00088	21.57	0.4742
5	4						0.00125	22.06	0.5691
6	5						0.00163	22.19	0.6368
7	6						0.002	21.64	0.7113
8	7						0.0025	20.62	0.7994
9	8						0.00288	19.5	0.8672
10	9						0.00325	18.38	0.9146
11	10						0.00363	17.04	0.9756
12	11						0.004	15.92	1.0027
13	12						0.00425	14.76	1.0298
14									
15									

图 5-18 增加数据后的图表

2）修改图表

对于相邻或不相邻的数据，可以利用重新选择数据区修改图表数据，也可以通过复制和粘贴修改图表，以利用重新选择数据区修改图表数据为例，说明其操作步骤：

（1）在图表中单击新增加的数据点后，单击工具栏上的"图表"向导按钮，在下拉菜单中单击"添加趋势线"，弹出如图 5-15 所示的对话框，选择相应的"趋势预测/回归分析类型"。

（2）单击"确定"，如图 5-19 所示。

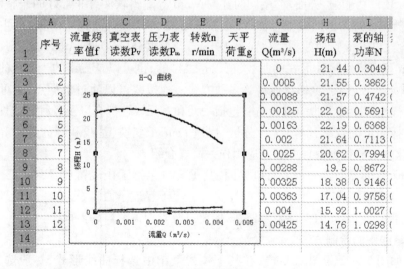

	A	B	C	D	E	F	G	H	I	
1	序号	流量频率值f	真空表读数Pv	压力表读数Pm	转数n r/min	天平荷重g	流量Q(m³/s)	扬程H(m)	泵的轴功率N	
2	1						0	21.44	0.3049	
3	2						0.0005	21.55	0.3862	
4	3						0.00088	21.57	0.4742	
5	4						0.00125	22.06	0.5691	
6	5						0.00163	22.19	0.6368	
7	6						0.002	21.64	0.7113	
8	7						0.0025	20.62	0.7994	
9	8						0.00288	19.5	0.8672	
10	9						0.00325	18.38	0.9146	
11	10						0.00363	17.04	0.9756	
12	11						0.004	15.92	1.0027	
13	12						0.00425	14.76	1.0298	
14										
15										

图 5-19 增加新的图表内容

3）修改图表数据

对于已建立的图表，有时可能想修改与数据点相关的值，它们可能是常数值或者是从工作表公式中产生的值。最简单的方法是直接在工作表中编辑与图表数据点相关的值。

修改图表中的数据点值会自动更新对应的工作表值。

改变与图表有关的单元格的内容时,系统会自动改变图表中的图形显示。图5-20为添加、修改完毕的离心泵性能测定实验曲线图。

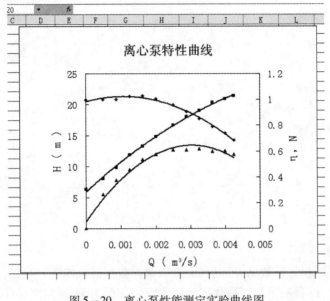

图5-20　离心泵性能测定实验曲线图

第二节　用 Origin 处理实验数据

Origin 软件功能强、界面友好、同时还与 Word 等编辑软件有非常好的兼容性,前面讲到的有关数据处理中的曲线拟合都可以通过 Origin 应用软件实现。Origin 的主要功能包括曲线标绘(Plotting)、曲线拟合(Curve Frtting)及数据分析(Dada Analysis)等。

Origin 可以标绘多种形式的曲线,可以是二维的,也可以是三维的。曲线的连接可以是直线连接、光滑连接、阶梯状连接等多种方式。连接线可以通过数据点,也可以不通过数据点进行光滑连接。曲线拟合功能包括一元和多元线性拟合以及各种非线性拟合。数据分析包括简单的数学计算、统计分析、快速 Fourier 变换、基线和峰的分析等。下面就 Origin 在化工实验数据处理方面的应用作一简要介绍。

Origin7. 0 的界面是一个多窗口界面,其子窗口包括工作表窗口、Excel 工作表窗口、图形窗口、函数图窗口、版面编排窗口等。为了便于管理子窗口,还有一个管理窗口。图5-21是启动了 Origin 的工作表窗口、图形窗口及管理器窗口的界面。

一、单线图的绘制方法

(1)如图5-22,点击"Plot",在其下拉式菜单中选择曲线形式,一般选择"Line + Symbol",将实验数据用直线分别连接起来,在每一格数据点上作一个特殊的记号。

(2)在弹出的对话框中选择 x 轴和 y 轴的数据列(见图5-22)。其选择方法如下:先点击对话框左边的数据列,再点击"X"或"Y",选择其作为 X 轴或 Y 轴,当选定两个坐标后,单击"OK",就画出一条如图5-23的曲线。

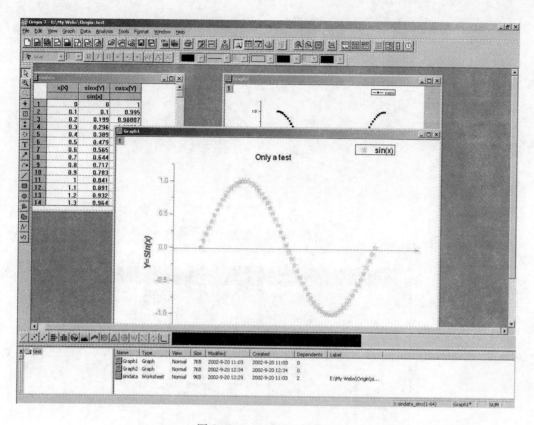

图 5 – 21　Origin7.0 的界面

Plot	Column	Analysis	Tools	Format	Window	

Line
Scatter
Line + Symbol

Hi-Lo-Close
Vector
Floating Bar
Floating Column

Column
Stack Column
Bar
Stack Bar

A(X)	B(Y)
1	2
2	3
3	4
4	5
5	6

图 5 – 22　连线形式选择

二、多线图的绘制方法

在化工实验中常常是多条实验曲线画在一起,方法是在画好一条线的基础上(当前活动窗口为图形),点击"Graph",在其下拉式菜单中选择"Add Plot to Layer",再在其下面选择"Line + Symbol",系统会弹出和单线图相仿的对画框,选择需要添加曲线的 X 轴和 Y 轴,当选定两个坐标后,单击"OK",重复以上步骤,就可以将多条曲线绘制在同一图中,如图 5 – 24。多条实验曲线画在一起,有利于实验数据的分析和研究。

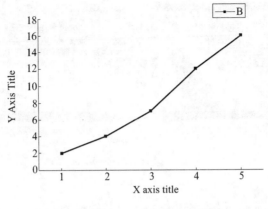

图 5 – 23   单线图

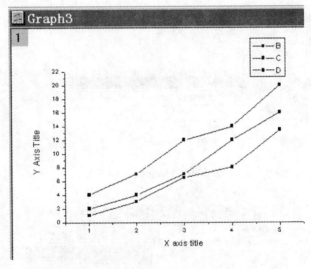

图 5 – 24   多线图

三、坐标轴的标注

（1）将鼠标移到标有"X axis title"和"Y axis title"处,双击之,系统弹出如图 5 – 25 的对画框,输入坐标轴的中文名、英文字母、单位,同时可选择字体、字号以及其他一些功能。

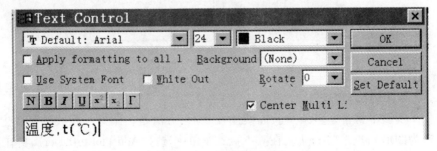

图 5 – 25   坐标轴的标注

（2）点击"Format",在其下拉式菜单中选择"Axis—Y Axis"系统弹出对话框,点击"Title &Format",在"Title"栏中输入"压力,P(Pa)",如图 5 – 26 所示。

四、数据的拟合

（1）点击"Data"，选中要回归的某一条曲线，如图 5 – 27 所示。

（2）点击"Tools"，如图 5 – 28 所示，选择要回归的方法。

（3）在弹出的对框中，进一步确定回归的标准，点击"Fit"（见图 5 – 29），系统就会对所选择的曲线按指定的方法进行回归。

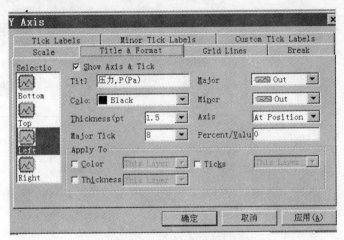

图 5 – 26　座标轴的各种设置

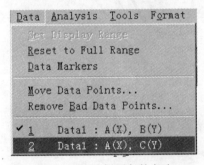

图 5 – 27　选择回归的方法

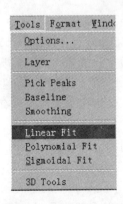

图 5 – 28　选择回归的指标

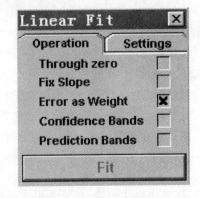

图 5 – 29　确定回归的方法

例如：用 origin 拟合 pH 值对改性茶叶吸附的影响的实验数据。

表 5 – 3 为实验数据表，图 5 – 30 为用 origin 软件拟合的曲线图。

表 5 – 3　实验数据表

pH 值　吸附量/(mg/g)	浓度/(mg/L) 700	800	900	1000	1100
3	7.28	8.46	9.62	9.71	9.73
5	7.63	8.99	10.21	10.43	10.49
7	11.58	14.22	16.54	16.42	16.59
9	14.23	17.43	18.58	18.60	18.61
11	15.38	18.21	19.49	19.48	19.53
12	15.27	18.17	19.28	19.27	19.21

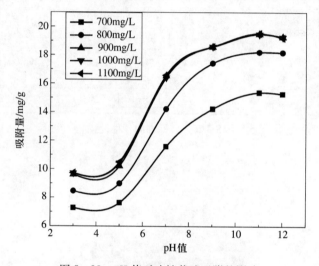

图 5 – 30　pH 值对改性茶叶吸附的影响

第三节　仿真实验

仿真是借助电子计算机、网络和多媒体部件,模拟设备的流程和操作。计算机仿真实验是现代化教学的一个重要环节,是提高教学效果的一项重要措施。实践证明,学生通过计算机的动画、声响和键盘操作完成仿真实验,能充分调动学生学习的主动性,使学生得到实验教学全过程的训练,对提高教学质量有独特作用。计算机仿真实验具有投资省、运行费用低等特点,并可大大提高实验教学效果和水平。

仿真实验在教学中具有独特的优越性。运用仿真实验的计算技术、图形、图像和声响技术,可以方便、迅速,且形象生动地再现教学实验装置、实验过程和实验结果教师和学生在机房就可以自己动手,在计算机上进行“实验”,使学生不受实验室的空间限制,不受时间的限制,获得更多的信息,并有助于教学与学生之间的交流和教学质量的提高。

本仿真实验系统是按照全国高等院校化工原理实验教学要求,参照太原工业学院的化工原理实验装置进行设计的。本系统由 flash 动画、声响、access 数据库、Dreamweaver 等构成网络版,操作简便易行,体积小,易于网络平台上运行,仿真实验效果良好。

一、仿真实验的组成

整套仿真实验系统包括 9 个单元仿真实验：

实验一　流体阻力测定实验；

实验二　离心泵性能测定实验；

实验三　过滤实验；

实验四　传热实验（包括总传热系数测定实验、对流传热系数测定实验）；

实验五　精馏实验；

实验六　气体的吸收与解析实验；

实验七　干燥实验（包括洞道式干燥实验、流化干燥实验）。

每个单元实验仿真的功能包括实验原理、习题测试、实验装置认识、实验操作演示四个模块。

二、化工原理仿真实验操作

（1）打开太原工业学院化工原理精品课程网站，输入用户名和密码进行登录，登录后点击实验教学模块中的某一实验名称，打开化工原理仿真实验界面，如图 5 – 31 所示。

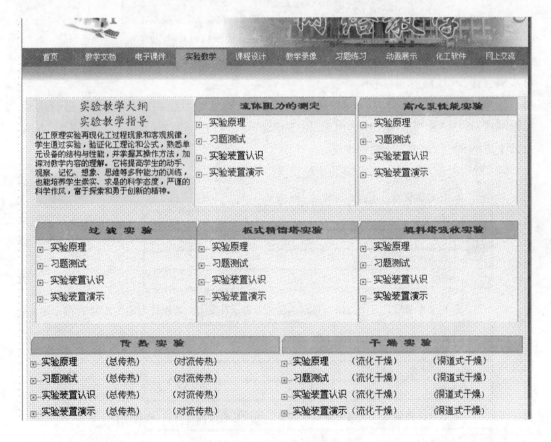

图 5 – 31　化工原理仿真实验界面

（2）选择准备做的单元仿真实验名称，单击相应的模块内容进行实验。

下面以离心泵性能测定仿真实验为例，说明操作步骤：

① 单击 实验原理 ，进入该实验的讲义相关内容，包括实验原理、计算公式及注意事项等。

② 单击 实验装置认识，弹出离心泵性能测定实验装置认识的 flash 动画，点击播放，可进行实验装置的流程认识，如图 5-32 为离心泵性能测定实验仿真装置 flash 动画。该动画对实验装置流程及构成进行了演示介绍。

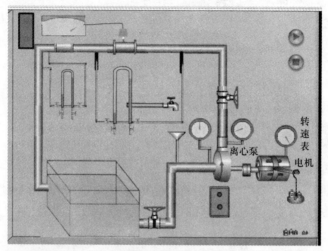

图 5-32　离心泵性能测定实验装置流程认识 flash 动画

③ 单击 实验操作演示，弹出离心泵性能测定实验的操作步骤 flash 动画演示，该动画对实验操作步骤进行仿真演示。

④ 单击 习题测试，进入与离心泵性能测定实验的在线习题测试系统界面，进行实验知识测评，如图 5-33 所示，显示出 10 道选择题，可进行选择题型的答题，答题完毕，点击页面下方的 提交 按钮进行试卷提交。

⑤ 系统给出该单元仿真实验的成绩。实验完毕。

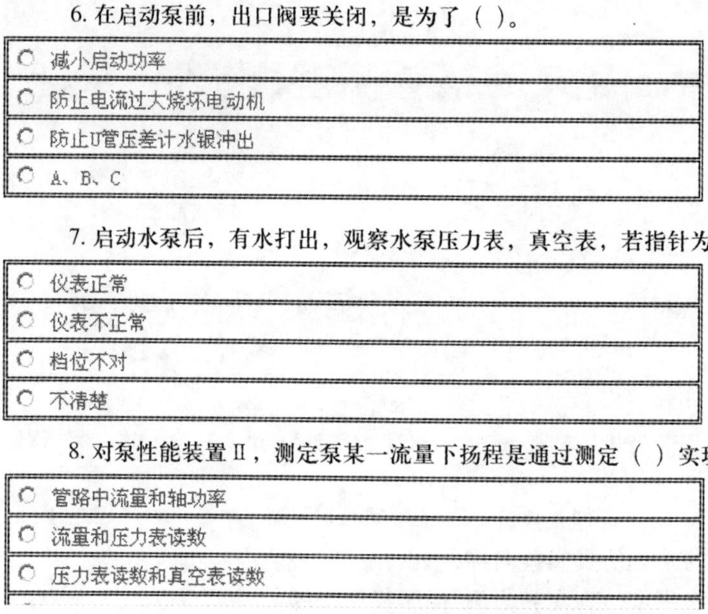

6. 在启动泵前，出口阀要关闭，是为了（　）。

○ 减小启动功率
○ 防止电流过大烧坏电动机
○ 防止U管压差计水银冲出
○ A、B、C

7. 启动水泵后，有水打出，观察水泵压力表，真空表，若指针为零，说明（　）。

○ 仪表正常
○ 仪表不正常
○ 档位不对
○ 不清楚

8. 对泵性能装置Ⅱ，测定泵某一流量下扬程是通过测定（　）实现的。

○ 管路中流量和轴功率
○ 流量和压力表读数
○ 压力表读数和真空表读数

图 5-33　离心泵性能测定实验的在线习题测试界面

134

附录 化工原理实验常用测试仪器

一、马达—天平式测功器

马达—天平式测功器是在交流电动机外壳(定子)两端加装轴承使外壳能自由转动,外壳连有测功臂和平衡锤,后者用以调正零位,外壳向反方向旋转,反向转矩大小与正向转矩相同,如果在测功臂端加上适当的砝码,可保持外壳不转动,此时所加砝码重量乘以测功臂长度就是电动机输出的转矩。

电机的输出功率为

$$N = \frac{功}{时间} = 转矩 \times \frac{旋转角度}{时间}(\text{J/s}) \tag{6-1}$$

$$转矩\ M = m \times g \times L \quad (\text{N·m})$$

$$旋转角度 / 时间 = (2\pi/60) \cdot n$$

式中 m ——所加砝码的质量(kg);

      L ——测功臂长度(m),本装置中 $L = 0.48465\text{m}$;

      g ——重力加速度,$g = 9.81\text{m/s}^2$;

      n ——电机转速(r/min)。

则

$$N = m \times 9.81 \times 0.48465 \times \frac{2 \times 3.1416}{60 \times 1000} \times n \quad (\text{kW})$$

$$N \approx \frac{mn}{2000} \quad (\text{kW}) \tag{6-2}$$

离心泵直接由电机带动,电机的输出功率等于泵的轴功率 $N_轴$。

二、UJ-36 型直流电位差计

1. UJ-36 型直流电位差计结构

UJ-36 型直流电位差计面板结构如图 6-1 所示。UJ-36 型直流电位差计,是配合热电偶温度计测量用的。当热电偶感受温度后,可用其测出毫伏数,再从铜—康铜热电偶分度表中查出相应的温度值,或用经验公式计算。

2. UJ-36 型直流电位差计使用方法

(1)把待测电压接在接线柱上。

(2)检查检流计指针是否指零。若不指零,用小改锥旋转下部的小螺钉,调零(机械调零)。

(3)把倍率开关(x_1,断,x_{Q2})放在某一位置上(一般用 x_1 挡),接通检流计及电位差计的工作电源,旋转调零按钮,进行第二步调零。

(4)将电键开关"K"扳向"标准",调 R(多圈变阻器)使检流计指零,进行第三步调零。

(5)此时,可将电键开关"K"扳向"未知",调节两个测量盘(一般只要将小盘指零,

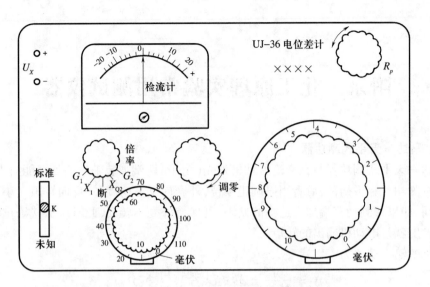

图 6 - 1 UJ - 36 型直流电位差计面板布置图

调节大盘即可),直至检流计指零。

(6) 二测量盘读数相加之和乘上使用倍率,即为被测量的电压值(毫伏数),对于倍率开关为"x_1",小盘指零的情况,大盘读数就是最终读数。

温度测量换算经验公式:

将测得的电压 $U(mV)$ 换算成温度 $T(℃)$,可用如下经验式:

$$T = 0.0185 + 25.8123U - 0.7416U^2 + 0.00375U^3$$

例如,读数为 $U = 4.23mV$,则

$T = (0.0185 + 25.8123 \times 4.23 - 0.7416 \times 4.23^2 + 0.00375 \times 4.23^3)℃ = 98.773℃$

也可以按预先做好的校正曲线进行换算。

3. UJ - 36 型电位差计使用注意事项

(1) 测量完毕,务请将倍率开关放在"断"的位置。将电键开关放在中间位置,以避免不必要的电池能量消耗。

(2) 本仪器应在环境温度为 5℃ ~ 45℃,相对湿度小于 80%,无酸性气体的条件下使用和保管。

(3) 如发现检流计灵敏度低,应更换电池(6F22,9V)二节,如发现调节 R_p,而检流计不能指零,则应更换电池(1.5V)四节并联。

三、气相色谱仪

气相色谱仪具有分离效能高、灵敏度高、选择性好、分析速度快、样品用量少、操作方便等优点,在分析中占有重要的地位。色谱仪的工作原理可参看有关参考书。

1. 使用方法

1) 开机

(1) 打开氢气钢瓶或氢气发生器,使仪器稳压阀保持氢气压力在 0.12MPa。

(2) 调节仪器上进氢气的针阀,使转子流量计的转子到指定刻度,把尾气管引出室外。

2）通电

打开温控单元总开关,再依次地打开柱箱、检测室、汽化室的电开关,按实验条件进行恒温。

3）测量

（1）打开记录仪走纸开关,开启微处理机,使记录仪和微处理机处在工作状态。

（2）待基线稳定后,用微量注射器将样品注入色谱柱。

（3）操作微处理机,从微机记录仪上求得分析结果。

4）停机

（1）关掉记录仪上的走纸开关和电源开关。

（2）关闭热导、柱箱、汽化室和总电源。

（3）关掉氢气钢瓶的总开关(若用氢气发生器,则关闭氢气发生器开关)。

2. 归一化法

色谱定量分析常用的归一化法,其原理如下:

气相色谱定量分析的依据是,一定的条件下,分析物质的质量 W_i 与检测器的响应值(在色谱图上的峰面积或峰高)成正比:

$$W_i = F'_i A_i$$

式中　A_i——被检测组分的峰面积;

　　F'_i——比例常数。

因为同一检测器对不同物质的敏感度不同,故上式中的比例常数不同,因此在进行定量分析时,必须加以校正。

由上式可知:

$$F'_i = \frac{W_i}{A_i}$$

F'_i 称绝对校正因子,表示单位峰面积的组分量。由于绝对校正因子受操作条件影响较大,测定比较困难,在实际工作中都使用相对校正因子 F_i。F_i 为组分 i 和标准物质 S 的绝对校正因子之比: $F_i = \dfrac{F'_i}{F'_s} = \dfrac{W_i A_s}{W_s A_i}$

相对校正因子的数值与检测器类型有关,而与检测器的结构、特性及操作条件,如柱温、流速、固定液性质无关。

归一化法一种简便、准确,操作条件对结果影响较小的定量方法。使用这种定量方法要求样品中所有组分都必须流出色谱柱,且在被检测器上都产生信号。当测量参数为峰面积时,某组分相对含量计算公式为

$$i\% = \frac{A_i F_i}{A_1 F_1 + A_2 F_2 + A_3 F_3 + \cdots + A_n F_n} \times 100\%$$

如果用质量校正因子,则得某组分的质量百分数;如果用摩尔校正因子,则得到摩尔百分数。

四、阿贝折射仪

在化学工程实验中,常用阿贝折射仪测定二元混合液的组成。仪器上接有恒温器,可测定温度在 0～50℃ 内的折射率。如图 6－2 所示。折射率测量范围 n_0 在 1.3000～1.7000,测量精度可达 ±0.0003。该仪器使用简便,取得数据较快。折射仪的结构及原理

在物化实验中有介绍,在这里就不再重复,现仅就使用方法加以说明。

1. 使用方法

(1) 将测量棱镜和辅助棱镜上保温夹套的水进出口与超级恒温水浴之间的橡皮管连接好,然后将恒温水浴的温度自控装置调节到所需测量的温度(如 25℃ ± 0.1℃)。待水浴温度稳定 10min 后即可开始测量。

(2) 加样:松开棱镜组上的锁钮,将辅助棱镜打开,用少量乙醚或酒精清洗镜面,用揩镜纸将镜面揩干,待镜面干燥后,闭合辅助棱镜,将试样用滴管从加液小槽中加入,然后旋紧锁钮。

图 6-2 阿贝折射仪

(3) 对光和调整:转动手柄,使刻度盘标尺的示值为最小,并调反射镜,使入射光进入棱镜组,使测量望远镜中的视场最亮。再调目镜,使现场准缘达最清晰。转动手柄,直至观察到视场中的明暗界线。此时若出现彩色光带,则应调节消色散手柄,直到视场内呈现清晰明暗界线为止。将明暗界线对准准丝交点上,此时从读数望远镜中读出的读数即为折光率 N_D 值。

(4) 测量结束时,先将恒温水浴的电源关掉,同时关掉白炽灯,然后将表面揩干净。

2. 注意事项

(1) 保持仪器的清洁,严禁用手接触光学零件(棱镜及目镜等),光学零件只允许用丙酮、二甲苯、乙醚等清洗,并只允许用揩镜纸轻擦。

(2) 仪器应严禁激烈振动或撞击,以免光学零件受损伤和影响精度。

(3) 测定折光律时要保持系统恒温,否则会影响测定结果。

(4) 若仪器长时间不用或测量有偏差时,可用溴代萘标准试样进行校正。

五、电子天平

FA/JA 系列电子天平是采用电磁力平衡原理的精密电子天平,具有精确度高、环境适应性强的特点。该系列天平内置 RS232C 标准输出口,可连接打印机、计算机等设备作现场质量控制用。FA/JA 系列电子天平(以 JA1003A 型电子天平为例)如图 6-3 所示。

JA1003A 型电子天平的使用方法如下。

1. 准备

将天平放在稳定的工作台上,避免振动、气流、阳光直射和剧烈的温度波动。

图 6-3 JA1003A 型电子天平

安装称盘,调整水平调节脚,使水泡位于水准器中心。

接通电源前请确认当地交流电压是否与天平所需电压一致。

为获得准确的称量结果,在进行称量前必须使天平按通电源预热,至少 60min 以达到工作温度(FA 系列 180min)。

2. 开机/关机

(1) 开机。使称盘空载并按压键,天平进行显示自检(显示屏所有字段短时点亮)显示天平型号,当天平显示回零时,天平就可以称量了。

当遇到各种功能键有误无法恢复时,重新开机即可恢复出厂设置。

(2)关机。确保称盘空载后按压,天平如长时期不用,请拔去电源插头。

(3)校准。为获得准确的称量结果,必须对天平进行校准以适应当地的重力加速度。校准应在天平经过预热并达到工作温度后进行,遇到以下情况必须对天平进行校准。

① 首次使用天平称量之前;② 天平改变安放位置后;③ 称量工作中定期进行。

具体校准方法:

准备好校准用的标准砝码,确保称盘空载。

按 TAR 键:使天平显示回零。

按 CAL 键:显示闪烁的 CAL – XXX,(XXX 一般为 100、200 或其它数字,提醒使用相对应的 100g、200g 或其它规格的标准砝码)。

将标准砝码放到称盘的中心位置,天平显示 CAL……,等待十几秒钟后,显示标准砝码的重量。此时,移去砝码,天平显示回零,表示校准结束,可以进行称量了。如天平不回零,可再重复进行一次校准工作。

3. 称量

天平经校准后即可进行称量,称量时须等显示器左下角"○"标志熄灭后才可读数,称量时被测物必须轻拿轻放,并确保不使天平超载,以免损坏天平的传感器。

六、溶氧仪

1. YSI 550A 溶氧仪特点

1)电池

YSI 550A 溶氧仪由 4 节 3 号(C)碱性电池驱动,一组全新的碱性电池可以持续工作大约 2000h。当需要更换电池时,LCD 显示屏上会显示"LO BAT"信息。当第一次出现此信息时,仪器在背景光不开时还能工作大概 50h。电池的安装位置如图 6 - 4 所示。

2)标定/保存室

YSI 550A 溶氧仪配有一个可附在仪器背面的方便的标定/保存室。标定室可在仪器任一侧使用,只要将橡皮塞移到另一侧。如果你仔细查看标定/保存室,会发现底部有一小片圆形海绵。小心滴加 3 至 6 滴干净的水到海绵上,再把仪器反转以便让多余的水流出。湿海绵将为探头创造 100% 水饱和空气的环境。这个环境对于溶解氧校正以及在运输和不用时保存探头都非常完美。YSI 550A 溶氧仪的保存室可以方便地在仪器任一侧使用。标定/保存室如图 6 - 5 所示。

2. 工作原理

探头由一个柱状的银阳极和一个环形的黄金阴极组成。如图 6 - 6 所示,使用时,探头末端需注满电解液,该溶液含有少量的表面活性剂以增强其湿润作用。探头前端覆盖有一片渗透性膜,把电极与外界分隔开,但气体可进入。当一极化电位施加于探头电极上时,透过薄膜渗透进来的氧在阴极处产生反应并形成一道电流。氧气渗透过薄膜的速率与膜内外间的压力差成正比。由于氧气在阴极处迅速消耗掉,所以可假设膜内的氧气压力为零。因此,把氧气推进膜内的压力与膜外的氧气分压成正比。当氧气分压变化时,渗进膜内的氧气量也相应变化,这就导致探头电流亦按比例改变。

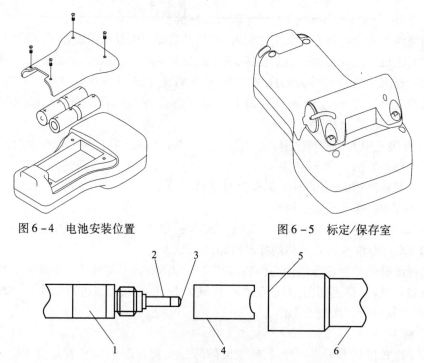

图6-4 电池安装位置　　　　图6-5 标定/保存室

图6-6 氧探头结构示意图

1—温度补偿器；2—银电极；3—金电极；4—膜固定器；5—海绵体(保持湿润)；6—保护套。

3. 溶解氧标定

溶解氧标定必须在已知氧浓度的环境中进行。YSI 550A 溶氧仪可用 mg/L 或％饱和度来标定。以下是这两种方式的标定步骤。

1）标定前

准确标定 YSI 550A,需要知道以下资料：

（1）被测水样的大概盐度。新鲜淡水的盐度大约为零,海水盐度约为 35‰。如果不能水样的盐度,可以用 YSI 30 盐度—电导—温度仪来测得盐度值。

（2）对于在％饱和度模式下标定,需要知道所处位置的海拔高度（英尺）。如果要从米转化到英尺,除以 0.3048。要得到最佳结果：每次使用前都标定仪器,以防止漂移；溶解氧读数取决于标定；在与样品温度相差不超过 ±10°C 范围内进行校正。

2）用％饱和度标定

（1）确定仪器标定室内的海绵是湿润的,把探头插入标定室。

（2）打开仪器,等待约 15min～20min,让仪器预热及读数稳定。

（3）同时按下并释放上箭头和下箭头键,进入标定菜单。

（4）按下 Mode 键直至“％”作为氧气单位出现在屏幕右侧。然后按下 ENTER。

（5）LCD 屏幕上会提示你输入以百英尺为单位的当地海拔高度。用箭头键增加或减少输入的海拔高度,当正确的海拔高度出现在 LCD 上时,按下 ENTER 键。例如：输入数字 12 代表 1200 英尺。

（6）CAL 将显示在屏幕左下角,右下端则显示校正值,主显示栏则显示 DO 读数（标定前）。一旦当前溶解氧读数稳定,按下 ENTER 键。

140

（7）LCD 将提示你输入被测水样的近似盐度,输入 0 至 70(‰)数字。用箭头键可增加或减少盐度设定数字。当 LCD 显示正确盐度时按 ENTER 键。仪器将返回至正常操作状态。

3）用 MG/L 来标定

（1）打开仪器,等待约 15min～20min,让仪器预热及读数稳定。

（2）将探头放入已知 mg/L 读数的溶液,在整个标定过程中以最少 1/2 英尺每秒(16 厘米每秒)的频率在水样中持续搅拌或晃动探头。

（3）同时按下并释放上箭头和下箭头键,进入标定菜单。

（4）按下 Mode 键直至"mg/L"作为氧气单位出现在屏幕右侧。然后按下 ENTER。

（5）CAL 将显示在屏幕左下角,右下端则显示校正值,主显示栏则显示 DO 读数(标定前)。一旦当前溶解氧读数稳定,按下 ENTER 键。

（6）LCD 将提示你输入被测水样的近似盐度,输入 0 至 70(‰)数字。用箭头键可增加或减少盐度设定数字。当 LCD 显示正确盐度时按 ENTER 键。仪器将返回至正常操作状态。

4）盐度补偿标定

（1）按下 Mode 键直至盐度标定显示在屏幕上。

（2）用上箭头和下箭头键改变你要测量的水样的盐度值,范围从 0‰～70‰。

（3）按下 ENTER 键保存标定结果。

（4）按下 Mode 键返回溶解氧测量。探头操作注意:YSI 550A 溶氧仪不能用于做 YSI 公司指定范围外的用途。详细内容见保修部分。搅拌在探头工作过程中,有一小部分溶解在水样中的氧气会被消耗掉,这一点很重要,因为这就是要在传感器前端持续搅拌水样的原因。如果没有流速,测量值将会出现虚假的降低。搅动可通过机械性地移动探头前端处的水样或快速地把探头在水中摆动来完成。YSI 550A 具有小于 25% 的流量依赖。搅动速率需要 1/2 英尺每秒(16 厘米每秒)。

4. 测量过程

（1）将探头插入待测水样中。

（2）持续搅拌或在水样中晃动探头。

（3）等温度和溶解氧读数稳定。

（4）观察/记录读数。

（5）如果可能的话,每次使用后用干净的水清洗探头。

5. 注意事项

（1）若安装正确并定期维护,膜可以用更长的时间。松弛的、有皱纹的、被损坏的或被污染的薄膜、电解质池有大的(直径超过 1/8 英寸)气泡或者薄膜被耗氧(如细菌)或产氧(如藻类)生物附着,均可以引起读数不稳。若读数不稳定或发现薄膜有损坏时,应同时更换盖膜及电解液。

（2）氯气、二氧化硫、一氧化氮及氧化亚氮在探头的反应与氧类似,会影响读数。若你怀疑读数不准,必须确定是否是有这些气体所致。

（3）远离如强酸、强碱及强性溶剂,它们会损坏探头材料。探头材料包括有 PE 薄膜、丙烯酸树脂、EPR 橡胶(乙丙胶)、不锈钢、环氧树脂、聚醚酰及亚胺聚酯电缆套。

（4）将探头保存在内有湿润海绵的标定/保存室中。

参 考 文 献

[1] 卫静莉.化工原理实验[M].北京:国防工业出版社,2003.

[2] 杨祖荣.化工原理实验[M].北京:化学工业出版社,2003.

[3] 张金利,等.化工原理实验[M].天津:天津大学出版社,2005.

[4] 伍钦,等.化工原理实验[M].广州:华南理工大学出版社,2004.

[5] 江体乾.数据处理[M].北京:化学工业出版社,1984.

[6] 柴诚敬.化工原理(上、下)[M].北京:高等教育出版社,2006.

[7] 吴嘉.化工原理仿真实验[M].北京:化学工业出版社,2001.

[8] 雷良恒,潘国昌,等.化工原理实验[M].北京:清华大学出版社,1994.